绍兴台风

绍兴市气象局　编

王德鸿　主　编

朱　健　沈玉伟　副主编

ZHEJIANG UNIVERSITY PRESS
浙江大学出版社

图书在版编目（CIP）数据

绍兴台风 / 绍兴市气象局编；王德鸿主编. —杭州：浙江大学出版社，2020.12
ISBN 978-7-308-19779-3

Ⅰ.①绍… Ⅱ.①绍…②王… Ⅲ.①台风－介绍－浙江 Ⅳ.①P444

中国版本图书馆 CIP 数据核字（2019）第 266699 号

绍兴台风

绍兴市气象局　编

王德鸿　主　编　　朱　健　沈玉伟　副主编

责任编辑	傅百荣
责任校对	杨利军　夏湘娣
封面设计	刘依群
封面摄影	梅　申
出版发行	浙江大学出版社
	（杭州市天目山路 148 号　邮政编码 310007）
	（网址：http://www.zjupress.com）
排　　版	浙江时代出版服务有限公司
印　　刷	绍兴市越生彩印有限公司
开　　本	710mm×1000mm　1/16
印　　张	9.25
彩　　插	8
字　　数	150 千
版 印 次	2020 年 12 月第 1 版　2020 年 12 月第 1 次印刷
书　　号	ISBN 978-7-308-19779-3
定　　价	58.00 元

审图号：浙 S(2020)3 号

《绍兴台风》编辑委员会

本书图片来源及地图审核号说明

前　言

　　人类的发展伴随着与自然灾害之间的抗争,在各类自然灾害中,台风具有极强的破坏性。浙江是台风登陆较多的省份,而绍兴经常会因台风灾害而造成巨大的经济损失甚至人员伤亡。因此,努力做好台风预报,不仅是保障人民生命财产安全,保护国家财产少受损失的需要,也是呼应国家生态文明建设战略,走可持续发展道路的重要保障。《绍兴台风》的编者,均为从事绍兴台风预报多年的专家,对绍兴地区台风预报具有丰富的技术经验和研究成果。本书的大部分内容,是编者长期从事一线台风预报实践经验和理论研究的概括与综合,具有鲜明的实践品格和时代特征。

　　编者收集了1960—2015年绍兴市气象站雨量、最大风速、极大风速和绍兴市水文站雨量等数据,通过对风雨数据的分析确定对绍兴有影响的台风,形成了绍兴影响台风数据库。通过对上述时段绍兴地区有影响的台风进行调查摸底,系统梳理台风的强度、数量、天气形势、移动路径、风雨状况、灾害结果等情况。揭示绍兴台风的年际变化、月际变化以及影响强度等基本特征,并对影响绍兴的台风进行归类分型。对不同类型的台风降水和台风大风进行统计分析,揭示绍兴台风降水和大风的时空分布特征和强度特征。

　　本书通过收集1960—2015年绍兴各县市台风灾害的灾情损失数据,形成灾情数据库,通过对灾情数据的分析,揭示绍兴台风灾害的灾情特征并分析绍兴巨灾台风及其成因。通过详尽的数据分析,建立了完备的绍兴台风灾害评估体制。对绍兴市台风灾害风险区划做出了合理评价,提出了完备的绍兴台风防御对策与措施。编者认为,应该加快高标准防台风工程体系建设,完善台风检测预报预警系统,加快防台应急预案和救援体系建设,加强防台社会管理能力建设,完善防台法律法规体系,加强农业生产的防台对策与措施,建立灾后妥善处置机制,加强台风临阵防御措施。

在编写本书的过程中,得到了绍兴市档案局、民政局、自然资源和规划局、水利局、统计局、建设局等部门的大力帮助,在此表示感谢!

由于编写人员水平有限,书中肯定存在一些错漏之处,敬请读者批评指正。

编　者

2019 年 7 月

目　录

第一章 绪 论

1.1 引 言

自然灾害是当今人类面临的全球性重大问题之一,台风灾害更是全球发生频率最高、影响最严重的灾害类型。全球每年平均发生 80～100 个台风,50 多个国家、约 5 亿多人口受到不同程度的影响,造成 60 亿～70 亿美元的经济损失和 1.5 万～2 万人死亡。我国是世界上少数几个遭受台风影响最严重的国家之一,据亚太经社理事会(ESCAP)和世界气象组织(WMO)所属台风委员会年度报告(Annual Report)公布的数据,我国因台风造成的经济损失是日本的 7.3 倍、菲律宾的 10.2 倍、越南的 22.3 倍。

台风具有极强的破坏性,全球每年都会因台风灾害而造成巨大的人员伤亡及经济损失,其死亡人数占全部自然灾害造成死亡人数的 64%,被列为破坏性最大的灾害。例如 2005 年美国"卡特里娜"飓风造成 1069 人遇难,直接经济损失达 1500 亿美元。2006 年超强台风"桑美"(Saomai),在马利安那群岛、菲律宾、中国东南沿海总共造成 458 人死亡以及 25 亿美元的经济损失。2009 年的第 8 号台风"莫拉克"在台、闽、浙、赣造成巨大损失,遇难人数 600 人以上,8000 余人被困,造成台湾数百亿新台币损失,大陆损失近百亿人民币。我国政府非常重视应对突发公共危机事件的工作,2007 年 8 月《突发事件应对法》正式发布,台风防御应急管理进入了法制化轨道。突发公共危机事件发生时间不确定,且一般都对人民的生命和财产构成巨大的威胁,是影响经济发展和社会安定的重要因素。台风是典型的突发公共危机事件。因此,加强台风灾害防御是公共安全的重要组成部分,是各级人民政府履行社会管理和公共服务职能的重要体现,也是重要的基础性公益事业,事关人民生命财产安全和经济社会可持续发展。2006 年 4 月 9 日发布的《国家中长期科学和技术发展规划纲要(2006—2020 年)》中指出,国家将对影响国民经济、社会发展和国防安全的 11 个重点领域进行优先支持,其中优先主题有:生态脆弱区域生态系统的恢复重建;海洋生态与环境保护;重大自然灾害监测与防御;全球环境变化的监测与对策。2010 年 10 月 20 日,中国气象局下发《台风灾害风险区划技术规范》,统一指导全国各省区市台风灾害风险区划工作。

1.2 台风概述

台风是发生在热带海洋上的一种具有暖中心结构的强烈气旋性涡旋,台风过境常常带来狂风暴雨天气,引起海面巨浪,严重威胁航海安全。登陆后,可摧毁庄稼、各种建筑设施等,造成人民生命财产的巨大损失,是一种危害极大的灾害性天气。

台风的源地是指经常发生台风的海区,全球台风主要发生在 8 个海区,绝大部分在太平洋和大西洋上,其中以西北太平洋海区为最多,占 36% 以上。西北太平洋台风源地又分三个相对集中区:西太平洋菲律宾东侧洋面、美国的关岛附近洋面和我国南海中部。台风发生地点不同,叫法也不同。在北太平洋西部、国际日期变更线以西,包括南中国海和东中国海称作台风;而在大西洋或北太平洋东部的热带气旋则称飓风,也就是说在美国一带称飓风;如果在南半球,就叫作旋风。

在西北太平洋上,台风大部分都集中在夏秋季节。这两个季节发生台风的比例各占 42%,而冬春季节仅各占 8%。我国台风发生的时节多集中在 7—10 月,尤以 8、9 月份为最多,少数台风也可能在 5 月和 11 月登陆广东。受台风袭击的主要是台湾、福建、广东、海南、浙江 5 省沿海。

台风的范围通常以其系统最外围近似圆形的等压线为准,直径一般为 600~1000km,最大的可达 2000km,最小的只有 100km 左右。一般来说,太平洋西部的台风比南海台风大得多。台风的强度以台风中心地面最大平均风速和台风中心海平面最低气压为依据。近中心风速愈大,中心气压愈低,则台风愈强。

台风的生命史通常分为四个阶段:形成期、发展期、成熟期、衰亡期,并不是所有台风都有上面这四个阶段发展过程,有的台风寿命短,只有第1和第4两个阶段,也有的台风寿命长,本来将要消亡,但出海后又发展起来。台风的生命史平均为一周左右,短的只有 2~3 天,最长可达一个月左右。一般夏秋两季台风生命期较长。

台风的形成主要是在广阔的热带洋面上,由于大气受热不均加上科氏力的作用,遇到初始扰动后气流产生转向运动,开始形成热带低气压区,低气压区继续加强最终趋于闭合式旋转形成了热带气旋。随后不断有暖湿的空气大量地涌入中心,中心区的空气被迫抬升,抬升过程中释放出的凝结潜热加热中心区的空气使中心区的气压越来越低,进而使更多的暖湿空气涌入中心,使中心低压强度增强,发展成为台风。

1.3　影响我国的台风概况

影响我国的台风主要产生在太平洋热带洋面,并沿西太平洋副热带高压南部的东风气流向西行进,直至影响我国东部沿海地区。

台风灾害是每年 5—9 月份影响我国东部地区的最主要气象灾害类型,也是影响经济发展和社会安定的重要因素。台风灾害主要由三方面原因造成:(1)大风,袭击沿海的台风风速经常有 40m/s 以上,有些台风风速可达 100m/s 左右。(2)暴雨,一般一个台风经过时可造成 150~300mm 的降水。个别台风在有利条件下可造成特大暴雨。(3)风暴潮,当台风移向陆地时,很低的气压和强风的作用可使沿岸海水暴涨,这种现象叫风暴潮。强台风的风暴潮可使沿岸海水上涌 5~6m。

据统计,1970—2001 年,热带气旋(包括热带风暴、强热带风暴和台风)登陆我国次数为 341 次,年均约为 11 次。我国沿海自广西向北至辽宁均有台风登陆,其中广东为登陆次数最多的省份,约占总次数的 35.2%,超过 1/3,其次为海南、台湾、福建和浙江等地。在台风季的两头,在广东登陆的台风比例剧增,而在 7、8、9 月,台湾、福建、浙江登陆的比例较高。我国的大部分内陆省份也都受到台风的影响,主要包括入境的台风和台风变成的低气压的影响,其中江西省是受台风影响最严重的内陆省。热带气旋登陆后在陆上维持时间平均为 31 小时,55％可以在陆上维持半天到两天,其中浙江省登陆的台风维持时间最长,平均维持两天以上(53 小时)。

不同季节西北太平洋台风路径有所不同,1—4 月没有在我国登陆的台风。5、6 月我国杭州湾以南沿海均有受台风影响的可能,杭州湾以北沿海基本上不受台风影响。7、8 月我国全部沿海均有受台风影响的可能,此时台风路径显著北移,在北纬 15～20 度之间向西移动影响我国。南海北部、海南岛和雷州半岛东部的附近海面、台湾海峡、台湾省及其东部沿海、东海西部和黄海均为台风通过的高频数区。9、10 月我国受台风影响的地区主要在长江口以南。11、12 月我国仅广东省珠江口以西及海南省偶尔受台风影响。

在我国登陆的台风,登陆时强度因登陆地区和登陆季节不同有显著差别。我国台风登陆时平均最大风速出现在 8 月(台湾省),在其他月份登陆台湾省的台风平均最大风速也都达强台风等级。其次是 8 月在浙江登陆的台风。广东省登陆的台风数虽然最多,但平均风速并不高。登陆福建省的台风,由于台风经过台湾省时受到削弱,登陆时的平均最大风速比登陆台湾的显著偏低。我国台风登陆时的平均最低气压出现在台湾省,1962 年第 8号台风(Opal)于 8 月 5 日 20 时在台湾花莲—宜兰登陆时的台风中心气压 920hPa。

我国登陆台风的降水量分布和降雨范围差别很大。影响台风降雨的主要因素有三,即台风本身的强度和结构、台风登陆后的环境流场和台风登陆地区的地形特点。台风登陆后的流场在一定程度上反映出季节差异,不同的环境流场还反映出不同的路径。地形特点则和登陆的地段有关。

近年来,在全球变暖的气候背景下,相关研究指出,在我国登陆的台风呈现出以下几个主要特征:(1)登陆台风数量没有明显的变化趋势,仅表现出明显的年际和年代际变化。(2)台风登陆地点趋于集中,北纬 25 度附近的东南沿海成为台风登陆的主要区域。(3)台风登陆时段趋于集中。(4)登陆台风强度逐年增强。

1.4 影响浙江的台风概况

浙江省地处亚热带,纬度介于 27°12′到 31°31′之间,属于北半球中低纬地区,由于东临西太平洋,深受太平洋西行台风的影响。台风对于浙江既是危害最大的气象灾害,同时也是重要的气候资源。一方面,台风带来的暴雨会引起城市内涝、诱发山洪泥石流,其大风会摧垮房屋、毁坏作物,台风风暴潮会冲毁海堤海塘,进而造成重大人员伤亡和财产损失,例如 2006 年第 8 号超强台风"桑美"造成浙江 345.6 万人受灾,直接经济损失 127.3 亿元;另一方面,浙江属于典型的亚热带季风气候,盛夏时期受西太平洋副热带高压影响,往往出现晴热少雨天气,台风降水可以缓解和解除干旱,例如 2003 年江南大部地区持续 35℃以上高温天气一个多月,浙江南部遭遇 50 年一遇的酷热天气,其中浙江丽水连续 5 天最高气温均在 40℃以上,旱情严重地影响作物生长,晚稻移栽严重缺水,部分地区无法适时插秧,而台风"环高"(0311)带来了 0.5 mm 到 131.6 mm 的降水,自南向北不同程度缓解了浙江的旱情和高温。

台风造成的损失不仅与台风系统及其伴生现象的强度有关,也与影响地的地理环境和当时社会的经济发展水平、人口密度和活动范围等密切相关。浙江大陆海岸线长达 2200km,陆域面积有 10.18 万 km²,地形多样,高山、盆地、丘陵、平原等交错分布,境内还拥有八大水系,江河湖泊众多。其中丘陵、山地面积为 7.17 万 km²,占 70.4%;平原、盆地面积为 2.36 万 km²,占 23.2%;河流、湖泊面积 0.65 万 km²,占 6.4%。浙江总体经济发达,人口稠密,但沿海与内陆地区之间以及南北地区之间经济发展水平存在一定差异,各地的产业结构和人员分布不甚相同。这些都使得影响浙江的台风及其灾害具有独特的特征。

(一)影响浙江台风时间特征

浙闽沿海是受台风影响最为严重的地区之一,几乎每年都会有台风在这一地带登陆,从 1949 年到 2011 年,共有 208 个台风影响浙江,年均 3.4 个,其中登陆浙江的台风有 40 个,年均 0.7 个。一般而言,影响浙江的台风集中在 7—9 月底,占影响台风总数的 81%。影响时间最早的是 0601 号台

风"珍珠",影响时间为 2006 年 5 月 17—18 日。影响时间最迟的是 7220 号
台风,影响时间为 1972 年 11 月 18—19 日。初夏与初秋(5、6 月与 10 、11
月)虽然有影响的台风较少,但由于这一阶段的台风环流易与西风带系统相
结合,其影响往往比较明显,此外台风降雨与梅雨带合并时,会使梅雨降水
得到加强,典型个例有 8504 号、9903 号、0102 号台风等。

影响浙江台风年际变化较大,最多年份有 8 个(1990 年),20 世纪 60 年
代中期前后至 70 年代初,影响浙江台风相对较少,50 年代中后期至 60 年代
初、80 年代中后期至 90 年代中叶以及 2000 年以来,影响浙江台风相对偏
多。1949 年以来造成较明显损失的台风有 92 个,年均 1.5 个,占历年影响
台风总数的 44%。成灾台风年际变化与影响台风年际变化相一致,除 15 年
无成灾台风外,其余年份都有不同程度成灾台风发生,其中有 1 个成灾台风
的年份有 21 年,有 2 个以上成灾台风的年份有 25 年,最多时达每年 5 个
(1990 年、2005 年)。

(二)影响浙江的台风强度

由于特殊的地理位置,登陆浙江的台风强度普遍强于福建、广东、海南
等沿海省份。1949 年以来登陆浙江的超强台风有 2 个,分别为 5612 号台风
"Wanda"(多译为"温黛"),0608 号台风"桑美";强台风有 4 个,分别为 5310
号台风、9417 号台风"弗雷德"、0414 号台风"云娜"、0515 号台风"卡努"。其
中台风"温黛"在 1956 年 8 月 1 日登陆浙江象山县南庄乡,中心气压 923
hPa,估算最大风速 65m/s,全省有 75 个县(市)、735 万亩农作物不同程度受
灾,死亡 4925 人;台风"桑美"于 2006 年 8 月 10 日 17 时登陆浙江苍南县马
站镇,登陆时中心气压 920hPa,中心附近最大风速 60m/s,台风影响期间,浙
江大部分地区出现了 8~10 级大风,东南沿海达到 11~12 级,局部达 14~
17 级,全省多地出现暴雨到大暴雨,温州和丽水局地出现特大暴雨,共造成
204 人死亡,倒塌房屋 5.23 万间,农作物受灾面积 10.32 万公顷。

2000 年以来浙江登陆台风频数增多、登陆强度较强,风雨实测极值屡破
历史纪录。20 世纪 70、80、90 年代登陆浙江台风平均中心风速依次为
31.1m/s、31.4m/s、33.3m/s,而 2000 年以来高达 37.2m/s。

(三)影响浙江的台风路径

影响浙江的台风,主要有 4 种路径,分别为:

(1) 直接登陆,台风登陆地点主要集中在象山以南的浙中南沿海地区,登陆浙北沿海的台风极少;

(2) 在福建登陆,登陆后向偏北或东北方向,进入或影响浙西或浙南,这类台风主要出现在 7—9 月,所占比例较大;

(3) 在广东沿海登陆,登陆后转为偏北或东北方向移动,也可进入或影响浙江,这类台风一般出现在初夏或秋冬季;

(4) 部分靠近浙江沿海北上但不登陆的台风也会在沿海地区产生一定影响。

此外也有极个别台风能登陆浙沪沿海,但数量极少。这 4 种路径中以正面登陆浙江台风影响最重,造成的损失最大。1949 年以来正面登陆浙江的台风造成的死亡人数占历年台风影响总死亡人数的 81%。1949 年以来一次灾害直接经济损失占当年 GDP1% 以上的台风中,正面登陆浙江台风占 54% 以上。台风登陆时若遇到风、雨、潮三碰头,造成的损失更加严重,如 5612 号超强台风造成 4925 人死亡;9417 号台风致使 1126 人死亡,直接经济损失达 178 亿元,占当年 GDP 的 6.7%;9711 号台风致死 236 人,直接经济损失高达 198 亿元;0414 号台风造成 185 人死亡,直接经济损失达 181 亿元。

值得指出的是,厦门以北登陆台风虽不在浙江登陆,但由于台风环流与西风带系统结合,常出现强暴雨,容易引发浙江严重洪涝、地质灾害,造成的经济损失也不可低估。如 6214 号台风登陆福建连江,浙江直接经济损失达 4.5 亿元,占当年 GDP 的 10.38%。

此外,其他如近海北上或转向台风、浙沪边界线以北登陆台风、厦门以南登陆台风也都可能致灾,但致灾率相对较低。

(四)台风灾情分布特征

浙江省受台风灾害影响较为频繁,受灾影响存在地区差别,总体表现为沿海地区受灾影响高于内陆。浙江境内的台风灾害主要由暴雨、大风及风暴潮等原因引起。其中台风暴雨的空间分布特征总体是沿海多于内陆,东部地区多于西部地区,东南沿海降水影响最为严重,根据 1961 年以来对浙江影响明显的 82 例台风统计得到,东南沿海区域平均台风过程降水量为 115.2mm,浙南区域次之,为 71.9mm。台风大风主要影响浙江东部以及北部平原地区,其中以温州北部沿海到舟山风力最大,根据1951年以来的站点资料统计,东部沿海和北部平原地区台风风力极值普遍在12级以上,部分地区达14级以上,西部内陆地区由于有地形阻挡,风力相对较小。在台风风暴潮分布特征上,南部和中部沿海出现超警戒高潮位的次数最为频繁。基于以上台风灾害的分布特征,东南沿海地区受台风灾情影响往往最为严重。在2004—2012年浙江的灾情记录中,浙江温州和台州受台风影响记录次数最多,累计受灾人口、农作物受灾面积及直接经济损失也是以上两个地区最高。

第二章　绍兴台风定义及分类

2.1　绍兴台风定义

2.1.1　数据说明

台风气候研究资料:(1)1960—2015 年 56 年间的台风编号、名称、路径和强度等资料;(2)绍兴市国家气象观测站(1960—2015 年)基本气象数据,包括最大风速、极大风速、日降水量等资料;(3)绍兴市水文站日降水量资料(1970—2011 年)。

台风灾情研究资料:1960—2015 年绍兴各区(县、市)台风造成的灾害损失数据,包括伤亡人口、损失农作物、直接经济损失、倒损房屋等。

2.1.2　影响绍兴的台风定义

要对影响绍兴的台风进行研究分析,首先必须明确什么样的台风才算是有影响的台风,即确定"影响标准"。通过对绍兴历次台风强度与灾情的对比分析,并结合各省市对各地影响台风标准的定义,确定以表 2.1 中的划分方案作为影响绍兴的台风标准,即在台风影响期间,当绍兴市国家气象观测站或水文站有一个站点达到表 2.1 中所列标准时,即将该台风定义为影响台风,同时确定其影响强度。

表 2.1 影响绍兴的台风划分标准

	过程最大降水量 A(mm)	平均风力 B(级)	阵风 C(级)
一般影响	30≤A<50	B≥6	C≥7
较大影响	50≤A<100	B≥8	C≥9
严重影响	100≤A<250	B≥10	C≥11
特大影响	A≥250	B≥12	C≥13

2.2 绍兴台风基本特征

2.2.1 年变化

经统计,1960—2015 年 56 年期间,影响绍兴地区的台风共 128 个,平均约 2.5 个/年。从图 2.1 可以看出,影响绍兴地区的台风个数年变化较明显,最多的年份为 1990 年(7 个),其次为 1960 年(5 个)、2000 年(5 个)、2005年(5 个);而 1967 年、1968 年、1991 年、1993 年、2003 年没有台风影响。从台风频数的年际变化趋势来看,影响绍兴地区台风较多的为 20 世纪 60 年代初、80 年代末到 90 年代初、21 世纪初。

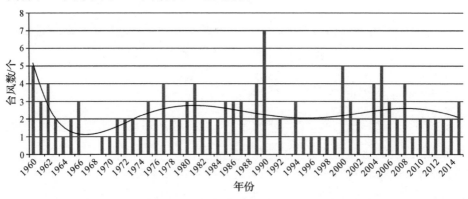

图 2.1 影响绍兴地区台风频数年际变化趋势

2.2.2 月变化

统计各月影响绍兴的台风(如图 2.2)来看,影响绍兴的台风最早开始于 5 月,最迟结束于 10 月,其中 8 月是台风影响的集中期,共有 46 个台风影响

绍兴,占影响台风总数的 36%,其次为 9 月、7 月,分别占影响台风总数的
25.8%、19.5%;此外最少的为 5 月,仅 3 个台风对绍兴造成影响。

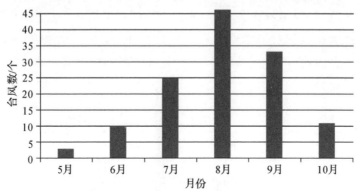

图 2.2 影响绍兴地区台风频数月际变化趋势

2.2.3 影响强度

对于影响绍兴台风中(见图 2.3),严重影响为 67 个,所占比例最大,为
52%;较大影响次之,共 38 个,占 30%;一般影响和特大影响最少,分别占影
响台风的 5% 和 13%。其中造成特大影响的台风分别为:1962 年第 14 号、
1963 年第 12 号、1974 年第 13 号、1979 年第 10 号、1981 年第 14 号、1982 年
第 9 号、1987 年第 12 号、1990 年 15 号、1992 年第 16 号及 19 号、2000 年第
14 号、2005 年第 9 号及 15 号、2007 年第 13 号及 16 号、2009 年第 8 号。其
中过程最大面雨量为 345.2mm,过程最大风力 9 级。

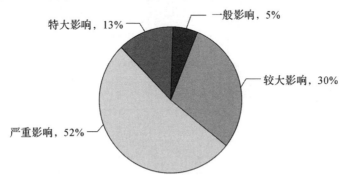

图 2.3 影响绍兴地区台风强度(附彩图)

对绍兴市造成影响的台风一年中最早的为出现在 2006 年 5 月 18 日左
右的第 1 号台风,最晚的为 2010 年第 13 号台风,出现在 10 月 23 日左右。

一般影响的台风出现在 7、8、9 月份;较大影响和严重影响 5—9 月均有出现,以出现在 7 月和 8 月为主;67 个严重影响台风出现在 8 月份的占 43%,为 29 个,22% 出现在 9 月份,为 15 个,16% 出现在 7 月份,为 11 个;对绍兴造成特大影响的台风出现在 7、8、9、10 月份,其中 9 月份最多,为 9 个,占特大影响台风的 56%,而 5 月和 6 月无特大影响的台风出现(见图 2.4)。

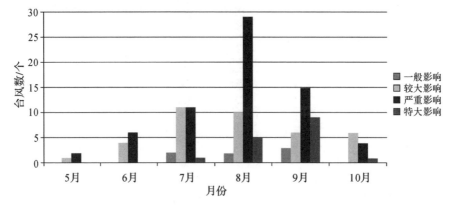

图 2.4　影响绍兴地区不同强度台风的月分布(附彩图)

受台风影响,全市面雨量月分布特征如图 2.5 所示。台风造成的过程面雨量以 50～100mm(暴雨等级)为主,影响时段主要集中在 8 月份,其次为

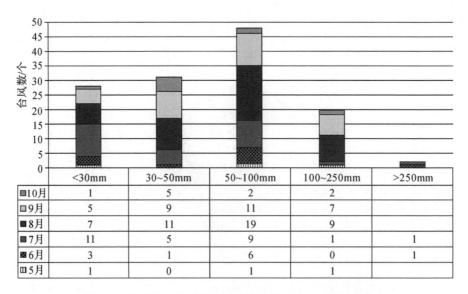

	<30mm	30~50mm	50~100mm	100~250mm	>250mm
10月	1	5	2	2	
9月	5	9	11	7	
8月	7	11	19	9	
7月	11	5	9	1	1
6月	3	1	6	0	1
5月	1	0	1	1	

图 2.5　影响绍兴地区的不同量级面雨量的台风频数月分布

30～50mm(大雨等级)。自 1960 年以来,台风造成的最大面雨量为 1962 年第 14 号台风产生的 329.2mm,日最大降水量为 345.2mm。

2.3　绍兴台风分类

2.3.1　分　类

根据台风路径将台风分为以下 12 种类型(见图 2.6、表 2.2)。

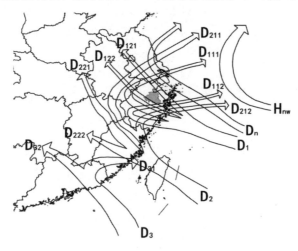

图 2.6　影响绍兴市的台风分区示意图(附彩图)

表 2.2　影响绍兴的台风类型

D111	在浙江登陆,以后转向东北出海,路径在绍兴以北
D112	在浙江登陆,以后转向东北出海,路径在绍兴以南
D121	在浙江登陆,以后西行或北上在内陆消亡,路径在绍兴以北
D122	在浙江登陆,以后西行或北上在内陆消亡,路径在绍兴以南
D211	在浙闽边界到厦门之间登陆,以后转向东北出海,路径在绍兴以北
D212	在浙闽边界到厦门之间登陆,以后转向东北出海,路径在绍兴以南
D221	在浙闽边界到厦门之间登陆,以后西行或北上在内陆消亡,路径在绍兴以北
D222	在浙闽边界到厦门之间登陆,以后西行或北上在内陆消亡,路径在绍兴以南

续表

D31	在厦门到珠江口之间登陆,以后转向东北出海
D32	在厦门到珠江口之间登陆,以后西行或北上在内陆消亡
Dn	在浙沪边界以北登陆
Hnw	经过西北区海上转向(西北海区指北纬25以北,东经125以西)

据统计,影响绍兴的台风128个中登陆的共有98个,最早登陆的为2006年第1号台风,为D31类,登陆时强度为13级(台风级),过程面雨量为75.9mm,过程最大降水量为110.5mm,为严重影响级别;最晚登陆的为2010年第13号台风,登陆类型为D222类,登陆强度为8级,过程面雨量为52.3mm,过程最大降水量为103mm,影响时间为10月23日左右,属严重影响级别。

2.3.2 登陆类型

从登陆强度分布图(见图2.7)可以看出,影响绍兴的登陆台风强度以12级为主,占了登陆台风总数的31%,其次为11级,占20%。下面我们具体分析各类台风的特点(见图2.8)。

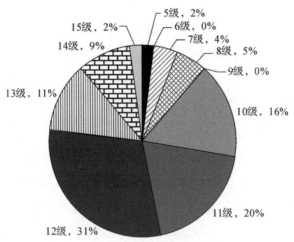

图2.7 台风登陆强度分布

(1)D111类,即在浙江登陆,以后转向东北出海,路径在绍兴以北,共9个,最早为6月,直至10月结束,其中主要集中在7、9月(各3个)。此类台

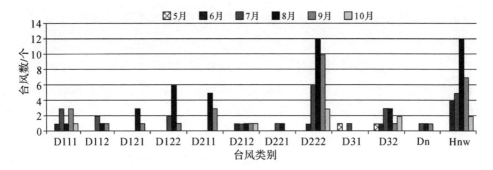

图 2.8　不同类别登陆台风的月分布

风造成的影响以严重影响为主,特大影响和较大影响次之;过程最大降水量均在 150mm 以上,最大为 415.6mm;过程最大风力在 6 级以上,最大为 9 级,过程极大风力为 10 级。

(2)D112 类,即在浙江登陆,以后转向东北出海,路径在绍兴以南,共 4 个,最早出现在 7 月,到 9 月结束。此类台风有 50% 造成特大影响;过程最大降水量在 300mm 以上的有 2 个,50mm 以上的 1 个;100mm 以上的 1 个,最大为 408.2mm;过程极大风力最大值为 11 级。

(3)D121 类,即在浙江登陆,以后西行或北上在内陆消亡,路径在绍兴以北,共 4 个。此类台风主要集中在 8、9 月;造成的影响均为严重影响;过程最大降水量均在 100mm 以上,最大为 291.1mm;过程极大风力最大值为7 级。

(4)D122 类,即在浙江登陆,以后西行或北上在内陆消亡,路径在绍兴以南,共 9 个。此类台风集中在 7、8、9 月,其中 8 月出现了 6 个,占此类台风的 2/3。而此类台风有 2/3 造成严重影响,造成特大影响的有 2 个,造成较大影响 1 个;过程最大降水量普遍在 100mm 以上,最大 418mm;过程极大风力最大值为 11 级。

(5)D211 类,即在浙闽边界到厦门之间登陆,以后转向东北出海,路径在绍兴以北,共 8 个。此类台风集中在 8、9 月;造成较大、严重两种影响,过程最大降水量差异较大,最小的为 60.7mm,最大可达 483.6mm。

(6)D212 类,即在浙闽边界到厦门之间登陆,以后转向东北出海,路径在绍兴以南,共 5 个。此类台风最早开始于 6 月,最晚结束于 10 月;5 个台风中有 3 个造成了特大影响,并且过程最大降水量在 300mm 以上,最大为

378.7mm;另外两个造成了较大影响和严重影响。过程极大风力最大为9级。

(7)D221类,在浙闽边界到厦门之间登陆,以后西行或北上在内陆消亡,路径在绍兴以北,共2个。出现在7月和8月,各造成了较大影响和严重影响,过程最大降水量为197.9mm。

(8)D222类,在浙闽边界到厦门之间登陆,以后西行或北上在内陆消亡,路径在绍兴以南。此类台风是影响绍兴地区最多的台风,共35个;最早开始于6月,结束于10月;主要集中在8、9月,占了此类台风的50%左右;造成的过程最大降水量差异也较大,最小为32.9mm,最大可达576.7mm;过程极大风力为9级。

(9)D31类,即在厦门到珠江口之间登陆,以后转向东北出海,共7个。此类台风最早开始于5月,最晚出现在10月。此外,7月份也是此类台风集中出现的时间。影响以较大影响和严重影响为主。过程最大降水量在50~120mm之间,过程极大风力最大为7级。

(10)D32类,在厦门到珠江口之间登陆,以后西行或北上在内陆消亡,共11个。此类台风最早出现在5月份,最晚出现在10月份,并且主要集中在7、8月出现。造成的影响差异较大,一般影响到特大影响都会有;因此造成的过程最大降水量相差也较大,最大可达309.1mm。

(11)Dn类,浙沪边界以北登陆。此类台风主要出现在7、8、9月,共4个。造成的影响以严重影响为主;过程最大降水量均在100mm以上,最大为192.5mm。

从图2.9可以看出,对绍兴影响最明显的台风主要为D222类。此类台风在浙闽边界到厦门之间登陆,以后西行或北上在内陆消亡,路径在绍兴以南。对绍兴从一般影响到特大影响都存在,并以严重影响最为突出,对绍兴造成了3次特大影响,分别为1963年第12号台风,过程最大降水量为254.1mm;1987年第12号台风,过程最大降水量为332.1mm;1992年第16号台风,过程最大降水量为576.7mm。

另一个对绍兴影响较为明显的台风为Hnw类,即经过北纬25度、东经125度的西北区海上转向。此类台风并没有登陆,而是在近海转向,除5月没有此类台风影响外,其余台风影响月份均有出现,而主要还是集中在8月

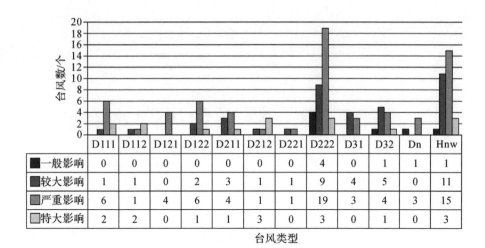

台风类型	D111	D112	D121	D122	D211	D212	D221	D222	D31	D32	Dn	Hnw
■一般影响	0	0	0	0	0	0	0	4	0	1	1	1
■较大影响	1	1	0	2	3	1	1	9	4	5	0	11
□严重影响	6	1	4	6	4	1	1	19	3	4	3	15
□特大影响	2	2	0	1	1	3	0	3	0	1	0	3

图 2.9　不同类型台风及其影响

和 9 月。对绍兴的影响以较大影响和严重影响为主,对绍兴造成了 3 次特大影响。3 次特大影响分别为 1979 年第 10 号台风,过程最大降水量为 335mm;1981 年第 14 号台风,过程最大降水量为 433.8mm;2000 年第 14 号台风,过程最大降水量为 380.4mm。

除了以上两类台风以外,以下几类台风也造成过特大影响:D111(8 月、9 月)、D112(8 月、9 月)、D122(8 月)、D211(9 月)、D212(8 月、9 月、10 月)、D32(7 月)。

第三章　绍兴台风降水

台风是带来绍兴市最强暴雨的天气系统之一。台风影响时,带来的降水强度强,降水量大,多数时候伴有暴雨,甚至是大暴雨或特大暴雨。暴雨容易引发洪水,导致村庄、房屋、船只、桥梁、游乐设施等受淹,甚至被冲毁,造成生命财产损失。暴雨可能造成水利工程失事,发生严重险情。暴雨还可能引发山体滑坡、泥石流等地质灾害,造成人员伤亡。

3.1　绍兴台风降水时空分布总体特征

3.1.1　绍兴台风的过程降水量特征

(1)台风过程平均降水量的时空分布

通过研究 1960—2015 年 128 个影响绍兴的台风过程平均降水量的逐年变化可以看出,过程平均降水量存在很显著的年际差异,最大为 1963 年 210mm,而 1967、1968、1991、1993 和 2003 年均没有台风带来的降水。从过程平均降水量的长期变化趋势来看,表现为缓慢上升的趋势,线性趋势为每 10 年增加 4.7mm 降水(见图 3.1)。

由于气候背景的月际差异,绍兴市各月影响台风的过程平均降水量也存在差异。对 1960 年以来影响绍兴市的 128 个台风的降水量进行分析可知,10 月影响台风带来的降水量最大,全市平均过程降水量为 84mm,这主要是由于 10 月冷空气开始活跃,适量冷空气侵入台风倒槽和外围,可以加剧动力和热力不稳定,使冷空气影响到的附近地区降水量明显增加;其次为

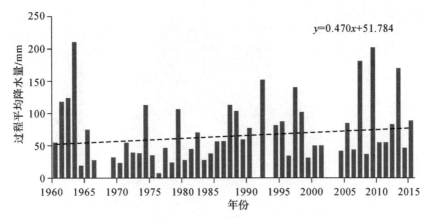

图 3.1 绍兴市 1960—2015 年台风过程平均降水量年际变化趋势

9 月平均过程降水量为 80mm;5 月只有 3 个台风影响绍兴,平均降水量为 71mm;6 月绍兴市处于梅雨季节,甚少台风影响,平均降水量为 56mm;7 月和 8 月全市平均过程降水量分别为 46mm 和 66mm(见图 3.2)。

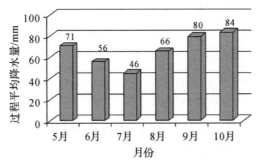

图 3.2 绍兴市影响台风的过程平均降水量月际变化

接下来分析一下绍兴台风过程平均降水量的空间分布特征(见图 3.3)。可以看到,全市台风过程平均降水量在 60～100mm 之间,呈现东多西少的分布特征,最多为新昌 94.2mm,最少为诸暨 62.5mm。台风给绍兴带来的降水总体来看还是东部地区大于西部地区。

(2)台风过程最大降水量的时空分布

通过研究 1960—2015 年 128 个影响绍兴的台风过程最大降水量(包含气象观测站和水文站)的逐年变化可以看出,过程最大降水量也存在明显的年际差异,最大为 1992 年 461.5mm,而 1967 年、1968 年、1991 年、1993 年和 2003 年均没有台风带来的降水。从过程最大降水量的长期变化趋势来看,也

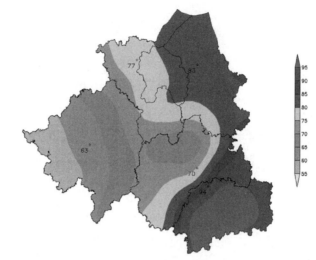

图 3.3　绍兴市台风过程平均降水量空间分布(单位:mm)(附彩图)

表现为缓慢上升的趋势,线性趋势为每 10 年增加 9.5mm 降水(见图3.4)。

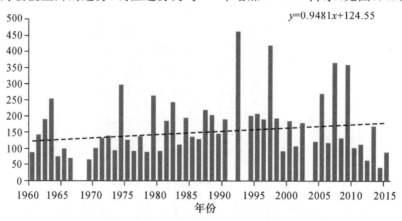

$y=0.9481x+124.55$

图 3.4　绍兴市台风过程最大降水量长期变化趋势图

　　同样,绍兴市各月影响台风的过程最大降水量也存在明显的月际变化(见图 3.5),但月际变化特征与之前的过程平均降水量有一定的差异。影响台风过程最大降水量的最大月份为 9 月,全市平均过程最大降水量为140mm,其次为 10 月和 8 月,平均过程最大降水量为 116mm 和 112mm;6月为 62mm;5 月和 7 月最少,全市平均过程最大降水量均为 57mm。

　　接下来分析一下绍兴台风过程最大降水量的空间分布特征(见图 3.6)。从图 3.6 可以看到,全市台风过程平均最大降水量在 80～140mm 之间,呈

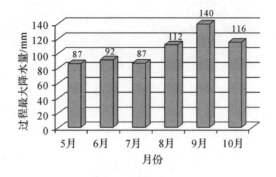

图 3.5　绍兴市台风过程最大降水量月际变化

现东南多西北少的分布特征,最多为新昌 134mm,最少为诸暨 88.4mm。

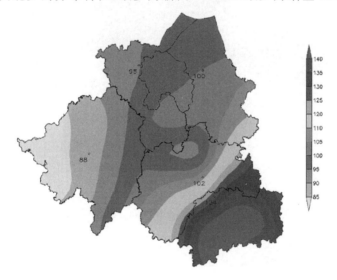

图 3.6　绍兴市台风过程最大降水量空间分布(单位:mm)(附彩图)

表 3.1 给出了绍兴市台风过程各区县最大降水量历史极值。可以看出,全市各区县过程最大降水量的历史极值都在 300mm 以上,最大为新昌577mm,最小为嵊州 335mm,这与前面分析的台风平均过程最大降水量空间分布特征不太一致。

表 3.1　影响绍兴台风的过程最大降水量历史极值

	柯桥区	诸暨市	上虞区	新昌县	嵊州市
过程最大降水量极值/mm	483	367	484	577	335

3.1.2　绍兴台风的日降水量特征

图 3.7 给出了绍兴市台风日降水量历史极值的空间分布。可以看到，日降水量历史极值空间分布极不均匀，东多西少的分布特征十分显著，最大为新昌 379.6mm，最少为诸暨 191.8mm，东西部地区日降水量历史极值相差近一倍。

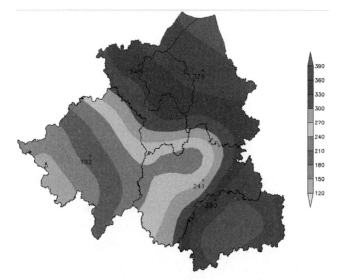

图 3.7　绍兴市台风日降水量历史极值空间分布（单位：mm）（附彩图）

3.1.3　绍兴台风降水强度特征

根据气象上的传统定义：日降水量≥50mm 为暴雨，日降水量≥100mm 为大暴雨，日降水量≥250mm 为特大暴雨。表 3.2 给出了 1960—2015 年影响绍兴的 128 个台风带来的暴雨、大暴雨和特大暴雨出现的站次数。可以看到，全市暴雨出现的站次在 60～80 站次之间，最多为新昌和嵊州 79 站次；其次为柯桥和上虞 69 站次；最少为诸暨 60 站次。暴雨出现的站次全市空间分布差异不是很大，而大暴雨以上的站次全市空间分布差异就明显增大。大暴雨出现最多的是新昌 42 站次，是出现最少的诸暨站次（18 站次）的近 3 倍；特大暴雨出现最多的是新昌 5 站次，最少是嵊州 1 站次。总体看来，绍兴市台风降水强度的空间分布存在不均匀的特征，在暴雨、大暴雨和特大暴雨各个级别出现的站次来看,新昌都是最多的。总体上,台风降水强度在新昌最强;暴雨和大暴雨级别诸暨最弱;特大暴雨级别是嵊州最弱。

表 3.2 影响绍兴台风的降水强度空间分布

降水强度	柯桥区	诸暨市	上虞区	新昌县	嵊州市
暴雨站次	69	60	69	79	79
大暴雨站次	24	18	27	42	31
特大暴雨站次	2	2	3	5	1

3.2 不同类型台风降水时空分布特征

3.2.1 不同类型绍兴台风的过程降水量特征

前文将影响绍兴的台风分为五大类,这里就分析一下各类台风的过程降水量的差异。先分析各类台风的过程降水量的月际变化特征(见图 3.8)。D1 类的台风 10 月过程平均降水量最大,全市平均过程降水量为 121mm,这主要是由于 D1 类的台风在浙江登陆并转向东北,10 月冷空气影响开始频繁,此类台风在登陆向东北转向的过程中经常有弱冷空气侵入台风外围,其温度结构有利于台风北缘出现位势不稳定,从而使附近地区降水量大幅增加;其次为 8 月平均过程降水量为 101mm;9 月平均降水量为 86mm,7 月为 58mm,6 月 41 为 mm。5 月份历史上没有此类台风影响绍兴。

D2 类的台风过程降水量的月际变化特征与 D1 类比较相似,也是 10 月过程平均降水量最大,全市平均过程降水量为 140mm,5 月也没有此类台风影响绍兴;不同之处在于第二大过程降水量出现在 9 月,达 95mm;其次为 6 月平均降水量,为 83mm,8 月为 58mm,7 月 37mm。

D3 类的台风过程降水量的月际变化特征与前两类有较大差异。5 月过程平均降水量最大,达到 71mm,其次分别是 6 月 69mm、9 月 48mm、7 月和 8 月 35mm,最少为 10 月 31mm。这主要是因为 5、6 月影响绍兴的台风多数属于 D3 类,即在福建省厦门和珠江口之间登陆,此时由于台风倒槽影响,绍兴的降水比较明显,到了 7 月以后此类台风出现的频率变少,台风位于热带高压带南侧,绍兴在副热带高压环流的控制之下,台风带来的降水比较弱。

Dn 类的台风过程降水量的月际差异更加显著,降水全部集中在 7—9 月。这是由于 7—9 月副热带高压势力强大且稳定,有时会北抬至较高纬度地区,容易出现 Dn 类的台风,即台风在浙沪边界以北登陆。此类给绍兴带来的降水比较弱,7—9 月过程平均降水量依次递减,分别为 48mm、39mm 和 37mm。

Hnw 类的台风过程降水量除了 5 月份没有此类影响之外,月际差异比较小,6—10 月过程平均降水量各月都比较接近。最大为 10 月 60mm,其次

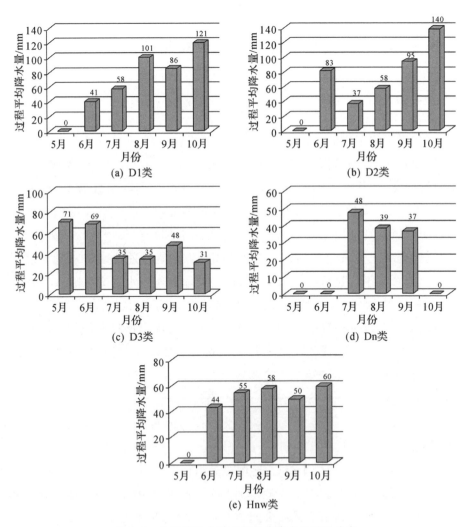

图 3.8 各类路径台风过程平均降水量月际分布

分别为 8 月 58mm、7 月 55mm、9 月 50mm、6 月 44mm。

接下来对影响绍兴的五大类台风造成的过程平均降水量的空间分布特征分别进行分析。从图 3.9 可以看到,D1 类的台风全市过程平均降水量在 70~120mm 之间,呈现南多北少的分布特征,南北差异比较大,最多为新昌 114.6mm,最少为诸暨 73.6mm。

D2 类的台风全市过程平均降水量在 60~100mm 之间,呈现东南多西部少的分布特征,分布相对均匀一些,最多为新昌 93.1mm,最少为 60.6mm。

D3 类的台风全市过程平均降水量在 30~50mm 之间,呈现东多西少的分布特征,空间差异比较小,最多为新昌和上虞 49.4mm,最少为诸暨 39.1mm。

Dn 类的台风全市过程平均降水量在 30~70mm 之间,呈北多南少的分布特征,南北差异比较大,北部降水量比南部多近一倍。最多为柯桥 69.3mm,最少为诸暨 23.8mm。

Hnw 类的台风过程平均降水量在 30~70mm 之间,呈现东多西少的分布特征,东西差异比较大,东部地区降水量比西部多一倍。最多为上虞 67mm,最少为诸暨 37.2mm。

通过以上对各类过程平均降水量的月际分布和空间特征分析可以看出,给绍兴带来最严重降水影响的是 D1 和 D2 类的台风,降水最强的月份为 10 月,其次分别是 8 月和 9 月,空间呈现南多北少和东南多西部少的分布特征。

以上分析了各类台风的过程平均降水量的差异,这里再研究下各类台风的过程最大降水量的月际变化特征(见图 3.10)。D1 类的台风 8 月过程最大降水量最大,为 183mm;其次为 9 月,过程最大降水量为 150mm;10 月为 130mm、6 月为 96mm、7 月为 94mm。5 月份历史上没有此类台风影响绍兴。

D2 类的台风过程最大降水量最大月份为 10 月,达到 180mm,其次为 9 月 145mm、6 月 143mm、8 月 90mm、7 月 78mm,5 月份也没有此类台风影响绍兴。

D3 类的台风过程最大降水量的月际变化较小。6 月过程最大降水量最

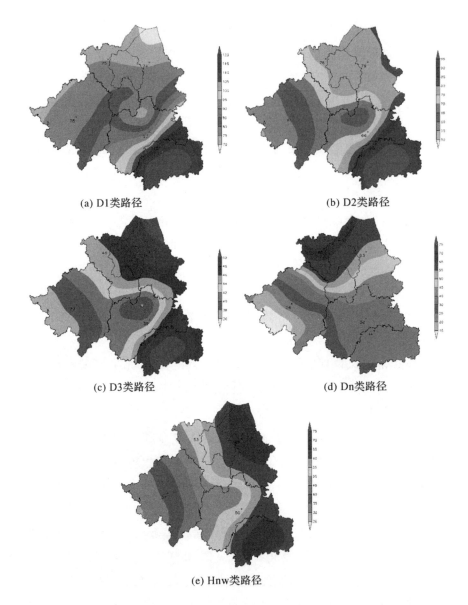

(a) D1类路径 (b) D2类路径 (c) D3类路径 (d) Dn类路径 (e) Hnw类路径

图 3.9　各类路径台风过程平均降水量空间分布图(单位:mm)(附彩图)

大,达到 94mm,其次分别是 5 月 88mm、9 月 77mm、7 月 75mm、8 月 69mm,最少为 10 月 54mm。

　　Dn 类的台风过程最大降水量的月际差异显著,降水全部集中在 7—9 月。最大为 7 月 96mm,其次为 9 月 88mm,最少为 8 月 83mm。

　　Hnw 类的台风过程最大降水量除了 5 月份没有此类影响之外，月际差异比较大。最大为 9 月 134mm，其次分别为 8 月 110mm、7 月 106mm、10 月 104mm、6 月 70mm。

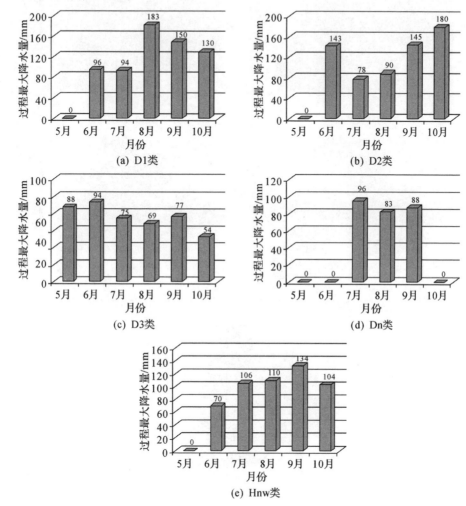

图 3.10　各类台风过程最大降水量月际分布

　　接下来对影响绍兴的五大类台风造成的过程最大降水量的空间分布特征分别进行分析。从图 3.11 可以看到，D1 类的台风全市过程最大降水量在 100~190mm 之间，呈现南多北少的分布特征，南北差异比较大，最多为新昌 189.9mm，最少为上虞 108.6mm。

　　D2 类的台风全市过程最大降水量在 90~150mm 之间，呈现东南多西

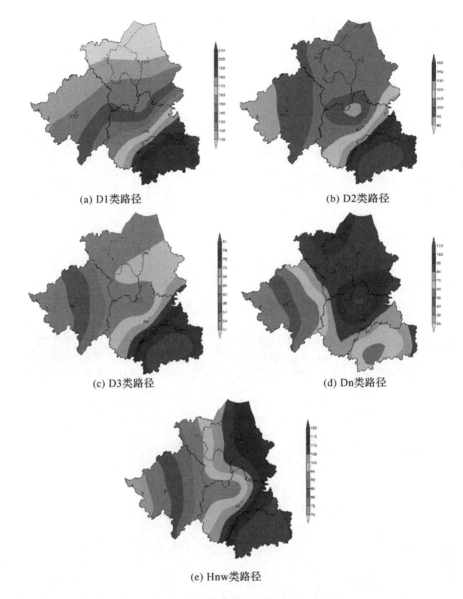

(a) D1类路径　　　　　　　　　　(b) D2类路径

(c) D3类路径　　　　　　　　　　(d) Dn类路径

(e) Hnw类路径

图 3.11　各类台风过程最大降水量空间分布图(单位:mm)(附彩图)

部少的分布特征,最多为新昌 143.8mm,最少为诸暨 91.8mm。

D3 类的台风全市过程最大降水量在 50~80mm 之间,呈现东南多西部少的分布特征,最多为新昌 78.9mm,最少为诸暨 58mm。

Dn 类的台风全市过程最大降水量在 40~110mm 之间,呈东多西少的分布特征,最多为嵊州 106.1mm,最少为诸暨 47.1mm。

　　Hnw 类的台风过程最大降水量在 80～120mm 之间,呈现东多西少的分布特征,最多为新昌 120.4mm,最少为诸暨 81.4mm。

　　通过以上对各类过程最大降水量的月际分布和空间特征分析可以看出,给绍兴带来最严重降水影响的是 D1 和 D2 类的台风,降水最强的月份为8—10 月,空间分布呈现南多北少和东南多西部少的特征。

　　通过对影响绍兴的五大类台风造成的过程最大降水量的历史极值空间变化分析(见图 3.12),可以看出,D1、D2 类的台风过程最大降水量历史极值比较大,其次是 Hnw 类,D3、Dn 类比较小。除了 Dn 类的台风过程最大降水量历史极值全市最大值出现在嵊州之外,其他类路径都是出现在新昌。D1 类的台风过程最大降水量历史极值最大为新昌 418mm;D2 类的台风过

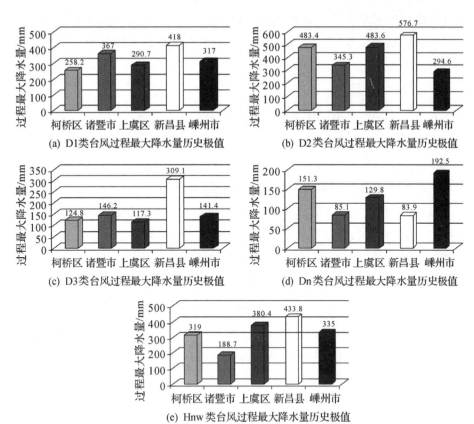

图 3.12　各类台风过程最大降水量历史极值分布

程最大降水量历史极值最大为新昌 576.7mm；D3 类的台风过程最大降水量
历史极值最大为新昌 309.1mm；Dn 类的台风过程最大降水量历史极值最大
为嵊州 192.5mm；Hnw 类的台风过程最大降水量历史极值最大为新
昌 433.8mm。

3.2.2　不同类型绍兴台风的日降水量特征

通过对影响绍兴的五大类台风造成的日最大降水量的历史极值空间分
布分析(见图 3.13)，可以看出，其特征与最大降水量的历史极值空间分布特
征基本一致，D1、D2 类的台风日最大降水量历史极值比较大，其次是 Hnw
类，D3、Dn 类比较小。D1 类的台风日最大降水量历史极值最大为新昌
379.6mm；D2 类的台风日最大降水量历史极值最大为上虞 376mm；D3 类的
台风日最大降水量历史极值最大为新昌 210.7mm；Dn 类的台风日最大降水
量历史极值最大为嵊州 189.6mm；Hnw 类的台风日最大降水量历史极值最
大为上虞 255.6mm。

3.3　绍兴台风降水影响因子

台风降水强度及其分布除与台风本身的强度和结构有密切关系之外，
还有一些因素可能严重影响台风降水的强度和分布。

(1)适量冷空气侵入台风倒槽和外围，可以加剧动力和热力不稳定，使
冷空气影响到的附近地区降水量明显增加。例如 0715 号台风"罗莎"在浙
江苍南登陆后，在其北上的过程中冷空气侵入其外围，造成绍兴全市除诸暨
之外大部分地区均出现了 100～200mm 的强降水，最大为新昌雪头村
337mm。台风若无冷空气作用，引起上述地区的降水一般不会超过 200
mm。但是 24 小时降温大于 5℃的较强冷空气入侵台风中心附近将破坏台
风的结构，造成台风强度减弱，因此不能起到增强台风中心附近降水的作
用，而对台风倒槽降水仍可以起到很大的增幅作用。冷空气侵入到华南登
陆的台风倒槽也会引起华东部分地区有暴雨到大暴雨。

(2)迎风地形的强迫抬升和强迫辐合可使台风降水明显增加，而背风地
形台风降水一般明显少于沿海平原地区。1323 号台风"菲特"在福建省福鼎

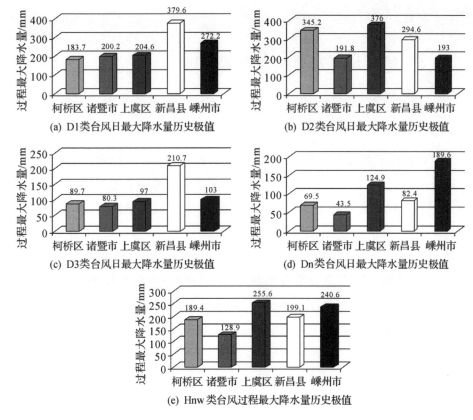

图 3.13 各类台风日最大降水量历史极值分布

市登陆,过程最大降水量为位于四明山脉迎风坡上虞的永和镇的 341mm,是位于背风坡的上虞观测站的近 2 倍。

(3)华南登陆或近海北上台风的倒槽辐合线影响华东地区,会造成华东部分地区较大降水。若辐合线东侧东南风强劲,甚至诱生中尺度云团西行影响华东南部沿海,可能会使绍兴市的东南部地区出现暴雨或大暴雨。

(4)时间长短影响降水量。台风缓慢北上或台风在一地少动,台风及其倒槽对这些地区影响时间长,使降水量增加 50%到 1 倍。

(5)水汽太少会减少台风降水量。特别是某一些地方盛夏长期干旱、空气中水汽很少,台风影响时,降水量会明显减少,甚至出现所谓"干台风"。干台风引起的降水中心降水量比一般台风的降水量要少 1/3 到 1/2。数值模拟试验表明,台风及其周围的水汽减少一半可使台风区域内的降水量减少 1/3 左右。

3.4 绍兴地形对台风降水的影响

3.4.1 绍兴地理环境

绍兴市位于浙江省中北部、钱塘江河口段南岸,介于北纬 29°13′36″(新昌安顶山)至 30°16′17″(绍兴镇海闸以北钱塘江航道中心线)、东经 119°53′02″(诸暨三界尖)至 121°13′38″(新昌平砚)之间。东连宁波市,南接台州地区和金华市,西临杭州市,北与嘉兴市隔钱塘江相望。东西长 130 公里,南北宽 116 公里。全市总面积 7901 平方公里。绍兴境内地势南高北低。北部绍虞平原(包括水网平原和滨海平原),向南逐渐过渡为丘陵山地。全市地貌可概括为"四山三盆两江一平原"。山地丘陵构成"山"字形的骨架,其西部为龙门山,中部为会稽山,东部及东南部为四明山—天台山,浦阳江流域的诸暨盆地,曹娥江流域的新嵊盆地、三界—章镇盆地镶嵌于四山之间。

绍兴市境内水系发育受地质构造及地貌形态制约,南部丘陵山地地面切割强度大,地形破碎,树枝状水系发育;北部水网平原地势低平,河湖密布,交织成网。全市主要河流汇入钱塘江,分属曹娥江、浦阳江、鉴湖水系。另有虞甬运河和四十里河属甬江水系,壶源江(诸暨)向北注入富春江。

3.4.2 绍兴地形对台风降水的影响

在台汛期,西太平洋地区不断有台风生成,并且向西北或偏西方向移动,影响绍兴地区。影响绍兴的台风以登陆浙江省南部地区和于浙江沿海北上的最为常见,其次是登陆杭州湾地区的,登陆江苏或上海和未登陆即消亡的对绍兴产生影响的最少。

登陆浙江南部的台风,登陆之前,位于浙江南部即绍兴东南方向的山区对台风所产生的强风和强降水有削弱作用,使得绍兴所受的影响小于其南部山区的各县市。台风登陆以后,又由于山区地形不均匀,摩擦作用强,使台风强度迅速减弱,即使到达绍兴,强度也大不如前。台风的降水量和风力从沿海到内陆递减。一个台风过程绍兴的降水量通常只有沿海风雨最强地区的 1/3～1/4。例如 0414 号台风"云娜"(见图 3.14),0421 号台风"海马",0604 号台风"碧利斯",0608 号台风"桑美"和 0713 号台风"韦帕"都属于这类情况。

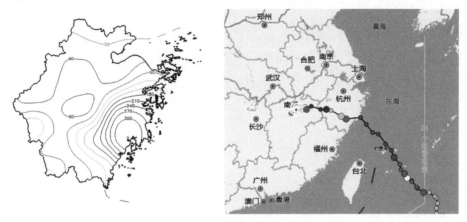

图 3.14 2004 年第 14 号台风"云娜"降水量分布和路径(降水量单位:mm)(附彩图)

于浙江沿海北上的台风,由于一直位于海面上,离绍兴距离较远,浙江东南部沿海多山区,山区类似一道屏障,削弱了台风降水和风力。一次台风过程的降水量和风力从沿海到内陆递减,绍兴所受的影响要远小于沿海地区。例如 0815 号台风"蔷薇"、0813 号台风"森拉克"就属于此类。

在杭州湾地区登陆或紧靠杭州湾地区北上的台风,由于没有受到削弱,对绍兴有明显影响。当台风在杭州湾登陆或紧靠沿海北上时,其外围环流影响杭州湾地区,杭州湾喇叭型的海岸分布,有利于台风气流的辐合和降水的增强。从 1998 年第 6 号台风的降水量分布和路径(见图 3.15)中可以看出,该台风直奔杭州湾地区而来,在宁波登陆,大的降水量区也主要分布在杭州湾地区,而其他地区相对较少,这和上面的结论是一致的。此外,2000年第 8 号台风"杰拉华"和 2000 年第 12 号台风"派比安"也是属于这种类型。此外,迎风地形的强迫抬升和地形辐合可使台风降水明显增加,而背风地形台风降水一般明显少于迎风坡地区。2013 年第 23 号台风"菲特"在福建省福鼎市登陆后,其北侧的东北气流与绍兴宁波交界的四明山走向接近垂直,东北气流在四明山的迎风坡被迫抬升,使得台风降水显著增幅。过程最大降水量为 341mm 位于四明山脉迎风坡的上虞永和,是该处位于背风坡的上虞观测站的近 2 倍。

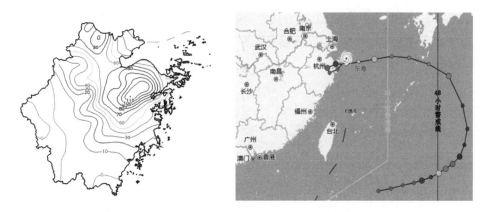

图 3.15　1998 年第 6 号台风的降水量分布和路径(降水量单位:mm)(附彩图)

第四章 绍兴台风大风

4.1 绍兴台风大风时空分布特征

4.1.1 台风大风定义和概况

台风是一种中心气压极低的涡旋,具有强大的气压梯度和旋转力,引起近地面较大风速。台风大风是台风灾害重要的致灾因子之一,台风大风阵性很强,且风向有旋转性变化,这对众多抗风能力各方向并非均等的建筑物等物体来说,受害的可能性要比单一风向大,一次严重的台风大风风灾,常能摧毁房屋、掀翻船只、吹倒连片庄稼,将数以万计的大树连根拔起,从而造成巨大损失。本节所用的台风大风记录是指台风最大风速,台风大风指台风影响过程中的最大风速(地面 10m 高度 10 分钟平均风速)大于等于 6级风。

4.1.2 绍兴台风大风年际、月际变化

自 1971 年以来,我市共有 106 个影响台风,绍兴全市区域内国家气象站观测到 6 级以上大风的台风共 69 个,年均 1.5 个;出现 7 级以上大风 31个,年均 0.7 个;出现 8 级以上大风的台风 10 个,年均 0.2 个;出现 9 级台风 4 个,年均 0.09 个。过程最大风极值为 9 级,分别为 1974 年第 13 号台风、1988 年第 7 号台风、1990 年第 15 号台风和 2005 年第 15 号台风(见图 4.1)。出现台风大风最多年份是 1981 年,有 4 个。对 2002 年以后有极大风记录的

台风分析表明(见图 4.2),一般极大风要比平均风高出两到三个等级,也就是说平均风力为 9 级的台风,风力极值将达到 11～12 级,有极大的摧毁力。

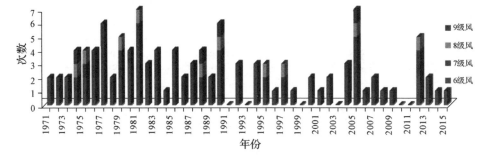

图 4.1 台风大风年际变化

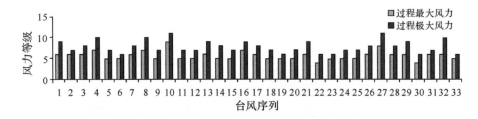

图 4.2 2002—2015 年各台风最大风与极大风等级对比

从大风的长期变化趋势来看(见图 4.3),1971—2015 年的趋势是线性减少的。从 5 年滑动平均来看,20 世纪 70 年代偏少,80 年代前期偏多,从80 年代后期到 2000 年是一个持续走低的趋势,2003—2010 年大风频次增多,2010 年至今大风频次偏少。分析大风年际变化,可以看到 1991 年、1993年、1999 年、2003 年、2010 年、2011 年这 6 年没有出现台风大风,其他年份分别有不同频次的台风大风出现,最多为 1981 年,4 次影响台风全部出现了大风,其次为 1977 年、1980 年、1985 年、1990 年、1994 年、2005 年,均有 3 次台风大风。7 级以上大风出现的比重占据了台风大风的 45%,说明有将近一半的台风大风风力在 7 级以上,最多为 1977 年,有 3 次,且 3 次最大风力都为 7 级,7 级大风主要集中在 20 世纪 70—80 年代,90 年代以后开始减少,90 年代有 4 年出现了 7 级台风大风,而 2000—2015 年也只有 4 年的台风出现过 7 级大风,分别在 2004 年、2005 年、2008 年和 2012 年。8 级以上大风出现的频次相对较少,在所有大风频次中占 14.5%,在所有台风中占9.4%。从统计资料来看,一般出现 8 级以上大风的台风属于严重影响级别以上,需要特别重视。在 2000 年以后,8 级大风频次明显减少,只有 2 年,分别为 2006 年和 2012 年,出现台风大风合计 2 次,大部分 8 级台风大风出现在 20 世纪 70—90 年代,70 年代 3 次,80 年代 2 次,90 年代 3 次。9 级台风大风属于个别例子,无法显示出明显的年际变化。可以看到,在 2000 年以前,台风大风频次多,影响强,进入 2000 年以来,台风大风频次少,影响弱。

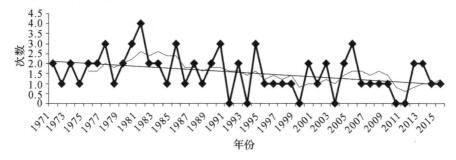

图 4.3　台风大风频次的长期变化趋势

图 4.4 为台风频次的月际变化,台风大风主要出现在 7、8、9 三个月份,其占总频次的 84%,其中 8 月最多,共 27 次,其次为 7 月,共 18 次,5 月、6 月和 10 月也有大风出现,频次较少,分别为 5 月 1 次、6 月 4 次、10 月 6 次。7 级以上大风频次分布基本也是一致的,集中在 7、8、9 月,8 月最多,有 16 次,7 月和 9 月同为 6 次,5、6、10 月各 1 次。8 级以上大风只出现在 8 月和 9 月,8 月 8 次,9 月 2 次。9 级大风也只出现在 8 月和 9 月,其中 8 月 3 次,9 月 1 次。由月际变化图可以得知:带来灾害性强风的台风主要集中在夏季,有 49 次,其次为秋季,有 19 次,极端灾害性大风主要集中在 8 月和 9 月。

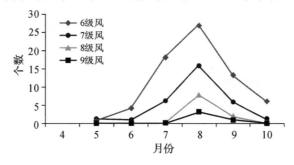

图 4.4　台风大风月际变化

4.1.3　绍兴台风大风风力分布特征

表 4.1　台风大风频次表

	6级	7级	8级	9级	极值
柯桥区	31	12	2	0	8级
诸暨市	21	8	2	1	9级
上虞区	32	14	2	2	9级
新昌县	39	15	4	1	9级
嵊州市	45	15	7	2	9级

　　图 4.5 为台风大风(6 级,8 级)频次的空间分布,6 级和 8 级大风空间分布都呈现北少南多的趋势,6 级大风出现最多的地区为嵊州,共 45 次,其次为新昌 39 次,柯桥与上虞相仿,分别为 31 次和 32 次,诸暨最少,为 21 次。8级大风出现最多的地区也是在嵊州,共 7 次,其次为新昌 4 次,其他地区普遍为 2 次。从空间分布可以发现:台风大风最容易出现在绍兴南部,从风力极值分布情况(见表 4.1)来看,虽然台风大风南部多,但是极值大风在各地区都会出现,频次差异不大,最明显的是嵊州,共出现 2 次 9 级大风。极值大风往往更容易造成严重灾害,所以除了南部新嵊盆地,北部平原也是台风大风的重要灾害区。

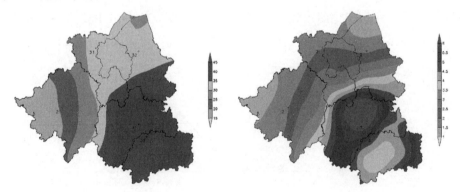

图 4.5　台风大风(6 级,8 级)频次的空间分布(附彩图)

4.2　不同类型台风大风时空分布特征

按照是否登陆以及登陆点的差异,将台风分为 5 大类。D1 代表在浙江登陆类,其中又包含 4 个小类:D111,在浙江登陆,以后转向东北出海,路径在绍兴以北;D112,在浙江登陆,以后转向东北出海,路径在绍兴以南;D121,在浙江登陆,以后西行或北上在内陆消亡,路径在绍兴以北;D122,在浙江登陆,以后西行或北上在内陆消亡,路径在绍兴以南。D2 代表在浙闽边界到厦门之间登陆类,其中包含 4 个小类:D211,在浙闽边界到厦门之间登陆,以后转向东北出海,路径在绍兴以北;D212,在浙闽边界到厦门之间登陆,以后转向东北出海,路径在绍兴以南;D221,在浙闽边界到厦门之间登陆,以后西行或北上在内陆消亡,路径在绍兴以北;D222,在浙闽边界到厦门之间登陆,以后西行或北上在内陆消亡,路径在绍兴以南。D3 代表在厦门到珠江口之间登陆类,包含 2 个小类:D31,在厦门到珠江口之间登陆,以后转向东北出海;D32,在厦门到珠江口之间登陆,以后西行或北上在内陆消亡。Dn 代表在浙沪边界以北登陆类。Hnw 代表经过西北海区海上转向类(西北海区指北纬 25 度以北,东经 125 度以西)。可以看到,在各类台风中,以浙江登陆的 D1 类影响最为严重,主要原因是登陆点距离绍兴最近,台风本体的影响大。D2 的影响台风个数最多,但是大风的影响力却不如 D1。D3 类登陆点距离绍兴较远,影响台风少,影响弱。Dn 类登陆点位置偏北,影响台风更少,影响也很弱。Hnw 属于海上转向台风,强度减弱慢,影响力不可小觑。

4.2.1　不同路径绍兴台风大风年际、月际变化

不同路径绍兴台风大风年际、月际变化可见图 4.6。

D1 类中共有 25 个影响台风,出现 6 级以上大风的台风共 22 个,占总数的 88%,7 级以上大风的台风 13 个,8 级以上大风的台风 7 个,9 级大风的 4 个,过程最大风力为 9 级。从统计数据发现:9 级大风都出现在该类别台风中,4 次记录分别属于 4 小类中的一类,说明在浙江登陆的台风都存在造成重大灾害的可能性,需要特别重视。从影响等级分析也可以发现:D1 类影

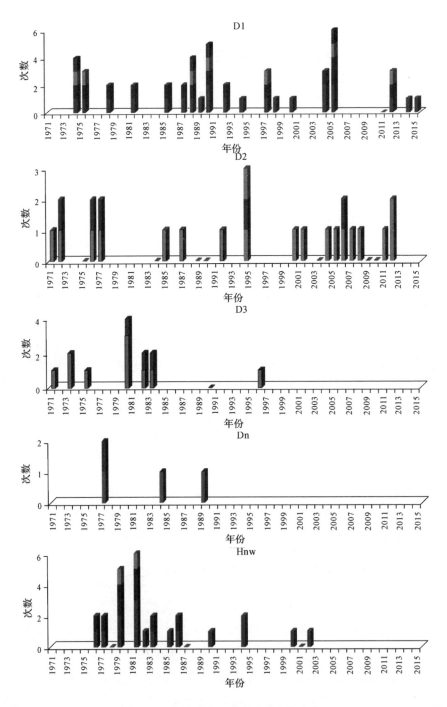

图 4.6　各类别台风大风次数年际变化

响台风影响等级都在较大影响级之上,其中有 14 次严重影响,7 次特大影响。在 9 次有极大风记录的台风中,有 5 次过程极大风达到 10 级以上,足以进一步说明 D1 类台风的影响之大。从年际变化上来说,20 世纪 90 年代以后共有 14 次台风大风,70—90 年代有 8 次台风大风,大风事件主要发生在 90 年代后,7 级和 8 级大风出现次数两个时间段差别不大。

从月际变化来看(见图 4.7):D1 类台风大风集中在 7、8、9 月,6 月只有 1 次大风,8 月最多,为 10 次;7 级大风只在 7、8、9 月出现,最多为 8 月,发生 8 次台风大风;8 级大风出现在 8 月和 9 月,8 月 6 次,9 月 1 次;9 级大风也出现在 8 月和 9 月,8 月 3 次,9 月 1 次。8 月到 9 月初副热带高压位置高,台风在副热带高压南侧移动,登陆浙江的可能性也大,登陆浙江特别是中部和北部的台风没有受到台湾岛的削弱,强度往往很强,所以造成的大风也强。

D2 类共有 39 个影响台风,出现 6 级以上大风的台风共 18 个,占总数的 46%,7 级以上大风的台风共 5 个,8 级以上大风的台风 1 个。虽然 D2 类的影响台风数目比 D1 多,大风影响力却远不如 D1,主要原因是 D2 类台风的登陆点与绍兴的距离比 D1 类的远,再加上台湾岛的摩擦削弱使得台风强度减弱。但从影响等级上来说,除了 1976 年第 13 号台风是一般影响外,其他都在较大影响等级之上,有 22 个台风属于严重影响,6 个台风属于特大影响,说明在浙闽边界到厦门之间登陆的台风风雨综合影响还是很大的。从年际变化来看,18 个台风大风中,有 10 个是在 2000 年以后出现的;而 7 级大风则是主要出现在 2000 年之前,2000 年以后只有一次 7 级大风;唯一一次 8 级大风出现在 1995 年。

D2 类台风大风从 6 月到 10 月都会出现,主要集中在 7、8、9 月,8 月最多,为 7 次;7 级大风出现在 7、8 月和 10 月,8 月最多,为 3 次,唯一一次 8 级大风出现在 8 月。7、8、9 月是台风高发期,副热带高压脊线平均在 25°N 以北,台风最容易在浙闽交界登陆,所以 D2 类台风数目最多,但这类台风受到台湾岛的削弱后,强度减弱,造成的大风强度也变弱。

D3 类共有 14 个影响台风,出现 6 级以上大风的台风共 10 个,占影响台风总数的 71%,7 级以上的台风共 3 个,没有 8 级大风。D3 类由于登陆点位置偏南,对绍兴市的影响主要以降水为主,可能出现远距离暴雨,风力强度不强。该类别台风大风集中在 20 世纪 70—80 年代前期,90 年代只有一次,2000 年以后没有出现大风。

D3 类台风大风发生在 5、7、8、9、10 月,7 月最多为 5 次,其次为 10 月 2 次,其他都是 1 次;7 级风有 3 次,分别为 5 月 1 次、7 月 2 次。出现 D3 类时,副热带高压位置较南,特别是刚出梅的时节,副热带高压刚刚北抬至 25°N 左右,台风在副热带高压南侧引导气流作用下,一般登陆在福建南部,无法北上,与绍兴市的距离远,风力影响较弱。

Dn 类是所有类别中最少的,只有 3 个影响台风,都出现了大风,7 级以上大风一个。此类别台风数目少,只出现在 20 世纪 70—80 年代,90 年代以后没有出现过。登陆点在绍兴以北,距离较远,风力影响不强,但由于个例数目少,缺乏普适性。

Dn 类台风大风只出现在 7、8、9 月,7 级大风只有一次,出现在 9 月,Dn 类台风移动位置较北,大风频次少,在初秋季节,台风容易与北方冷空气结合并发展,风力增强。

Hnw 类有 25 个影响台风,其中出现 6 级以上大风的台风 16 个,占总数的 64%,7 级以上 8 个,8 级以上 2 个。台风没有登陆,在近海转向,强度被削弱少,由于台风强度决定了台风风力,所以该类别的台风风力影响也比较大,尤其是在东部和南部地区。影响等级方面,除了 2008 年第 15 号台风的一般影响外,都在较大影响等级之上,其中 13 次严重影响,3 次特大影响,说明该类别台风的综合影响力也很强。在 20 世纪 70—90 年代,有 13 次大风,90 年代以后 5 次大风,2000 年以后 1 次大风。两次 8 级大风分别出现在 1979 年第 10 号台风和 1981 年第 14 号台风。

Hnw 类台风大风从 6 月到 10 月都会出现,其中 8 月最多,为 7 次;7 级大风出现在 6、8、9 月,8 月最多,有 5 次;8 级大风则发生在 8 月和 9 月,各 1 次。沿海转向台风从夏季到秋季都会出现,特别是在台风强度较强、范围较大的时候,当台风移动到副热带高压西南时,副热带高压开始东退,台风便有可能在副热带高压西侧偏南气流引导下北上,移动到副热带高压北侧时,与北面的西风槽结合向东北移去,8、9 月冷空气开始活动,冷空气位置可以渗透到更南的位置,容易与台风结合,使得 Hnw 类出现。该类台风强度减弱慢,风力比较大。

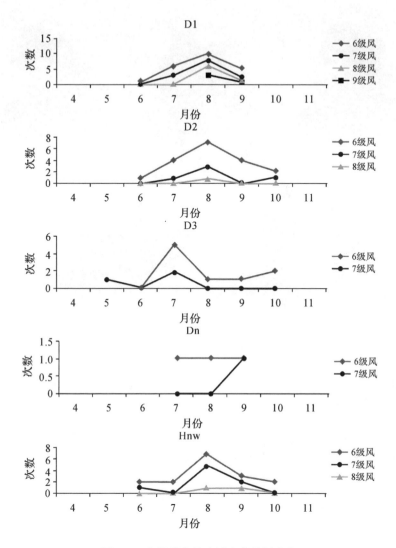

图 4.7　各类别台风大风次数月际变化

4.2.2　不同类型绍兴台风大风风力分布特征

图 4.8 为各类别台风大风频次空间分布图,从图上可以看到,每个类别所造成的大风频次空间分布差异是明显的,但有一个共同点,就是嵊州站始终是大风多发区,除了 D2 类比新昌少 1 次外,其他几类中都是台风大风最多发的站,这可能与该地区的盆地地形有关系,有待进一步研究。下面分别来分析下各类别的大风空间分布特征。

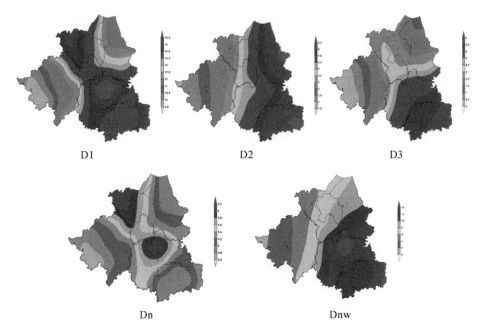

图 4.8　各路径台风大风频次空间分布(附彩图)

　　D1 类 5 个国家站大风次数都在 10 次以上,最多出现在嵊州 16 次,其次是柯桥 15 次;从 7 级大风的空间分布来看,柯桥、上虞和嵊州最多,都是 8 次;8 级大风则是嵊州最多为 6 次,上虞其次为 4 次,除柯桥站以外,其他 4 站的最大风都为 9 级,上虞和嵊州各出现 2 次 9 级大风。在 D1 类台风登陆后,出现的大风次数最多,其中东部和南部地区风力更强。

　　D2 类大风次数相比第一类明显减少,所有站都在 10 次以下,最多为新昌和上虞,各 8 次,其次为嵊州 7 次;7 级大风只出现在柯桥、上虞和新昌,最多为新昌 3 次;8 级大风只有 1 次,出现在新昌。D2 类台风造成的风力在南部地区更强,主要原因在于绍兴南部距离台风比较近。

　　D3 类大风次数更少,以嵊州和新昌最多,分别有 5 次大风;7 级大风只发生在诸暨和新昌,新昌最多为 2 次;该类台风没有出现 8 级大风。D3 类台风出现的大风少与台风登陆点较远以及登陆后迅速减弱有关。

　　Dn 类是所有类别中大风次数最少的,柯桥和嵊州 2 次,其他站都是 1 次,唯一 1 次 7 级风出现在上虞。此类别台风路径偏东,所以东部地区风力较大。

Hnw 类的大风次数仅次于 D1 类,嵊州和新昌都出现了 10 次以上的大风,其中嵊州 15 次,新昌 11 次,上虞比前 2 个站略少,9 次。5 个站点都出现了 7 级大风,最多为嵊州有 7 次。8 级大风仅出现在嵊州和新昌。可以看到该类台风登陆后在东南部地区的影响比西北部要大得多。

4.3　绍兴台风大风影响因子

影响台风风力的因素有很多,包括台风自身强度和风圈半径、登陆点的位置、周围天气系统的配置(如副热带高压、大陆高压、冷空气和其他的周围环境流场)、地形的影响、台风与绍兴的距离等。

(1)台风强度和风圈半径:这是产生大风的内因,如果台风发展不强、风圈半径很小或者登陆后迅速减弱,那么本地大风范围小,大风强度不强或者大风持续时间很短。如果台风登陆前强度发展很强,风圈半径很大,登陆后强度减弱慢,那么造成大范围持续性强风的可能性也大,需要特别注意防范此类台风。当台风接近我国并登陆时,绝大多数已经减弱,特别是穿过台湾的台风。但也常常可出现大风,这与台风近海加强或者强度减弱慢有关。后者常由于台风位置偏北,没有经过台湾岛的削弱所致。

(2)副热带高压:在一般情况下,台风中心的风速分布是不对称的,它与周围的气压形势有关。主要的影响系统是副热带高压。副热带高压是对台风影响最大的天气系统,与热带气旋移动路径、移动速度、登陆位置、降水和风力大小等都有关系。当副热带高压位于台风北侧时,热带气旋和副热带高压之间形成强东风区,在台风登陆前较常见。副热带高压位于台风的东侧时,台风和副热带高压之间形成强南风区,这种形势出现在台风登陆后。在两种形势下,副热带高压对台风风力的增幅作用非常明显。

(3)大陆高压:5—9 月,台风移动方向的右侧与西太平洋副热带高压相邻,这里的气压梯度较大,风力也较大,而 9 月以后,由于受大陆冷高压和太平洋高压的共同影响,台风的西北部和东北部风力都比较大,此时整个地区盛行偏北风。

(4)台风登陆点位置以及与绍兴的距离:按登陆点对台风进行分类后,可以发现,登陆点的差异对于大风频次和强度有重要影响。比如 D2 类影响台风多于 D1,可是大风频次和强度远不如 D1,这与登陆点与本地的距离有很大关系。再比如 D3 类大风次数明显减少,登陆点太远是主要原因之一。直接登陆在浙江的台风,一般都会造成本地不同程度的大风,大风主要集中在东部和南部,如果台风后续路径穿过绍兴或者距离绍兴很近,那么大风强度可能升级,在西部和北部也很可能出现大风。如果台风不登陆,在近海北上,那么与本地的距离决定了风力的大小:距离远,风力小,大风范围小;距离近,风力大,大风范围也大。

(5)冷空气:冷空气对台风大风也有增强作用。由于 7、8 月份西风带活动位置偏北,冷空气主要对 9、10 月份的台风大风影响较大,地面高压与台风之间会形成较强的风力,以偏北风和东北风为主。

(6)摩擦和地形:这对登陆后的台风强度有很大的影响。台风登陆后,受到摩擦和地形影响,可能很快减弱,风速随之减小。一般说来,平原地区风力比海上小,山区又比平原小。所以沿海、平原、湖泊等地区都是台风经过时有利于出现大风的区域。浙江一带山脉多为东北—西南走向,比如绍兴境内的四明山脉,当台风经华东沿海北上,位于钱塘江以南时,一般大风范围较小,只有在沿海有强风,绍兴本地可能没有大风。但一过杭州湾,大风范围迅速扩大。D1 到 Dn 类都是登陆台风,都会受到摩擦和地形影响,而 Hnw 类没有登陆,海上摩擦力小,台风减弱很慢。

4.4　绍兴地形对台风大风的影响

绍兴市位于浙江省中北部、钱塘江河口段南岸,介于北纬 29°13′36″(新昌安顶山)至 30°16′17″(绍兴镇海闸以北钱塘江航道中心线)、东经 119°53′02″(诸暨三界尖)至 121°13′38″(新昌平砚)之间。东连宁波市,南接台州市和金华市,西临杭州市,北与嘉兴市隔钱塘江相望。东西长 130 公里,南北宽 116 公里。全市总面积 7901 平方公里(见图 4.9)。

绍兴全境处于浙西山地丘陵、浙东丘陵山地和浙北平原三大地貌单元的交接地带,西部、中部、东部属山地丘陵,北部为绍虞平原,地势总趋势由西南向东北倾斜。绍兴市地貌可概括为"四山三盆两江一平原",即会稽山、四明山、天台山、龙门山、诸暨盆地、新嵊盆地、三界—章镇盆地、浦阳江、曹

图 4.9　绍兴市辖区 TM 遥感影像(附彩图)

娥江、绍虞平原。绍兴市最高点位于诸暨境内海拔 1194.60m 的会稽山脉主峰东白山,最低点为海拔仅 3.10m 的诸暨"湖田"地区,中部多为海拔 500m 以下的丘陵地和台地。台风大风在各不同地势的分布一般是平原地区比海上小,山区又比平原小。

从地势情况看,上虞区、柯桥区、越城区属于平原地带,海拔多在 100m 以下,这样的地理条件使得这一带摩擦减弱作用小,是台风大风形成的有利因子。新嵊盆地是嵊州市和新昌县结合处的一处三角形盆地,北侧有狭窄的入口,形成明显的"狭管效应"。"狭管效应"是指当气流由开阔地带流入地形构成的峡谷时,由于空气不能大量堆积,于是加速流过峡谷,风速增大,当流出峡谷时,空气流速又会减缓。这可能是嵊州容易出大风的原因之一。此外,绍北平原除了地势低和平坦使得摩擦力小以外,还有一个地形特点是处在杭州湾南岸,杭州湾是一个典型的喇叭口地形,当台风经过时,如果东风或者东北风气流直接进入杭州湾,会出现明显的风力增大。

登陆浙江南部的台风,登陆前,位于浙江南部绍兴东南方向的山区对台风所产生的强风有削弱作用,使得绍兴所受的影响小于其南部山区的各县市。台风登陆以后,又由于山区地形不均匀,摩擦作用强,台风强度迅速减弱,即使到达绍兴,其强度也大不如前。台风的风力从沿海到内陆递减。从浙江沿海北上的台风,由于一直位于海面上,离绍兴距离较远,浙江东南部沿海多山区,山区类似一道屏障,削弱台风风力。在杭州湾地区登陆或紧靠杭州湾地区北上的台风,由于没有受到削弱,对绍兴有明显影响。当台风在杭州湾登陆或紧靠沿海北上时,其外围环流影响杭州湾地区,杭州湾喇叭型的海岸分布,有利于台风风速加大。绍兴北部地区以平原为主,基本没有屏障,台风产生的大风。风暴潮在没经过削弱的情况下直接影响绍兴地区,可能对绍兴产生严重的灾害。

第五章　绍兴台风灾情分析

与其他自然灾害类似,台风本身所具有的破坏力、承灾体的承灾能力、以及当地的人员和产业结构特征等决定了台风灾害的大小。大风、暴雨、风暴潮等致灾因子是造成台风灾害损失的直接原因,台风还引发了如洪水、内涝、滑坡、泥石流等衍生灾害的发生。除人员伤亡外,台风的灾情主要表现在房屋倒损、农田受淹及直接经济损失等方面。

5.1　台风灾害概念

5.1.1　台风致灾因素

台风登陆时,时常伴随大风、暴雨和风暴潮等强烈的天气变化,由于这些天气现象具有突发性和破坏性的特点,对人们造成的生命财产损失也是巨大的,因此台风被称为世界上最严重的灾害系统之一。大风、暴雨和风暴潮是台风灾害系统的致灾因子,致灾因子的强度、影响范围和产生频率是台风成灾的先决条件和原动力。

大风是伴随台风的主要天气,也是造成台风拔树倒屋的主要原因,因此必定是台风灾害的重要成因之一。台风大风之所以具有巨大的破坏力是因为风压很强,台风具有极低的中心气压和极大的气压梯度,会在底层中心附近产生风速极高的大风,而且风向是旋转风向,物体受到摇晃作用的力更易折损、倒塌,在海上能够产生风速超过 50m/s、16 级以上的狂风,由此引起的巨浪高达十几米,能够轻易地将船只掀翻。在陆上也会产生 12 级以上的大风,能够摧毁建筑物、树木、农作物,造成严重的人员伤亡和经济财产损失。

暴雨是伴随台风的另一主要天气。台风在热带洋面形成过程中聚集了大量水汽,随着水汽上升极易形成暴雨,台风在移动过程中如果遇到地势抬升,就会在迎风坡短时间内形成大量降雨。概括而言,台风暴雨就是环流雨与地形雨的叠加。据统计,台风降雨中心一天之中的降水量可达 $100\sim300mm$,最高可达到 $500\sim800mm$。由于台风暴雨往往具有短时间内强度大、降雨区域集中的特点,所以常常能够造成严重的洪涝灾害,而且能够引发泥石流、滑坡等次生灾害的发生,从而造成更为严重的破坏。

风暴潮是由强烈的大气扰动,通过强风和气压急剧变化而引起的海水潮位异常升降现象。台风风暴潮强度不但与台风中心气压、大风半径有关,还与台风登陆时间和天文潮的组合有关,当然地形、岸滩形态对增水值也有重要影响。台风向陆地移动时,由于台风的强风和低气压的作用,海水向海岸方向强力堆积,如果结合天文涨潮的叠加能使潮位暴涨,加之大风使海水向沿岸迅速漫溢、海堤溃决,可在短时间内向内陆推进几公里,冲毁房屋和各类建筑设施,淹没农田和城镇,造成潮灾。

5.1.2 台风灾害损失分类

按照台风灾害承灾体的不同,将其分为受灾人口、社会经济损失和环境损失三大类。

(1) 受灾人口

受灾人口指报告期内遭受自然灾害或意外事故袭击的人口。要确定受灾人口,首先要确定受灾范围,也就是受灾害影响的地理区域。

受灾人口包括因灾致死致伤致病人口,因灾使生产与生活受到破坏的人口以及家庭财产受到损害的人口等。受灾人口按其性质还可以分为死亡人口、受伤人口、被困人口、转移安置人口、无家可归人口等指标。其中,被困人口是指受灾人口中被围困 48 小时以上的人口;转移安置人口是指受灾人口中受灾害威胁、袭击或者围困,紧急迁出居住地的人口;无家可归人口是指受灾人口中住房全部倒塌、无法自行解决住房的人口。成灾人口是指因灾直接造成经济损失、人身伤害达到规定程度的全部人口。它包括因灾重伤人口或病残人口,个人财产遭受损失尤其是住房及基本生活资料遭受损失的人口,农作物及其他副业生产减产减收 3 成及以上的人口。

强风有可能吹倒建筑物、高空设施,易造成人员伤亡。如各类危旧住房、厂房、广告牌等倒塌,造成压死压伤;高空物品被吹落,造成砸死砸伤事故;屋顶上的太阳能热水器、屋顶杂物、建筑工地上的零星物品等被风吹落,造成伤亡。

暴雨容易引发洪水,导致村庄、房屋、船只、桥梁等受淹,甚至被冲毁,造成生命财产损失。暴雨还可能造成水利工程失事。此外,暴雨容易引发山体滑坡、泥石流等地质灾害,造成人员伤亡。台风灾害所造成的伤亡人员的最大特点是大部分为不发达地带的低收入人群,主要有沿海养殖等作业人员、处于山区地质灾害危险地段、危险建筑物内的人员以及有安全隐患的屋顶山塘水库的下游居民。

风暴潮的潮位高出海平面 5～6m,能够破坏海堤,淹没岛屿。这不仅破坏了当地的生态环境,改变了人们原有安稳的生活环境及良好的生活习惯,而且造成了有利于疾病流行的外部环境。在广大农村,还出现大量禽畜棚和厕所被洪水淹没倒塌、粪便垃圾四溢、人畜共处一室、生活饮用水遭受不同程度的污染、鼠群迁移、病媒昆虫大量孳生等状况,为肠道传染病或某些动物源性传染病创造了有利的传播途径。同时,由于抗洪抢险,人们接触疫水机会增加,且身心处于疲劳状态,非特异性免疫力下降,感染传染病的机会和易感程度大幅度增加,极易引起传染病的暴发和流行。

（2）社会经济损失

社会经济损失按照社会经济部门的不同可以分为社会部门损失、生产部门损失和基础设施损失三大类。

一是社会部门损失。

社会部门损失包括住房与人居环境损失、教育文化部门损失和医疗卫生部门损失三大类,每个部门损失又可以分为直接损失和间接损失。其中住房与人居环境损失主要统计"倒塌房屋"和"损坏房屋":"倒塌房屋"是指因灾全部倒塌或房屋主体结构遭受严重破坏无法修复的房屋数量,在对该项灾情进行统计时,以自然间为计算单位,辅助用房、活动房、工棚、简易房和临时房屋均不在统计范围之列;"损坏房屋"是指主体结构遭到一般破坏、经过修复可以居住的房屋,在统计该项指标时,与倒塌房屋指标的统计相同。

二是生产部门损失。

生产部门包括农业部门、工商业部门和旅游部门等。其中农业部门损失是台风造成灾害损失中最大的部门,又可以分为农、林、牧、渔四个部门的损失。

直接损失:1)种植业损失——首先是资产破坏,农田本身在风暴潮侵袭下盐渍化,在洪水作用下表面被杂物覆盖,影响生产质量,农田灌溉设施、农业作业设备等也会遭受破坏;其次是粮食作物损失,主要受暴雨引起的洪水灾害影响,包括粮食减产、绝收等;再次是经济作物损失,包括果树等被大风吹倒,加上洪水的淹没,受灾情况加重,由于经济作物需要很长时间才能恢复生产能力,其经济损失需要考虑多年收成的影响。2)林业损失——橡胶树、沿海防护林等林木在台风大风作用下倒折。3)牧业损失——牲畜、家禽的伤亡和对草地的影响。4)渔业——渔船受损、鱼塘冲毁等基础设施破坏,对海洋渔业捕捞造成的损失,对水产养殖造成的损失等等。

间接损失:由于基础设施破坏和农业资源(土地、天然渔场等)的破坏导致农产品在灾后恢复阶段产量减少;由于农作物减产等与农业相关的加工业损失严重;等等。

三是基础设施损失。

在现代社会中,维系城市功能与区域经济功能的基础性工程设施系统被定义为生命线工程系统,主要包括:电力系统,交通系统,通信,城市供水,供热,供燃气系统等。

(3) 环境损失

环境损失包括由暴雨引起的水土流失、风暴潮海水淹没农田引起的土壤盐渍化、巨浪侵蚀海岸线造成的海岸线后退、风暴潮引发的沿海地区淡水资源污染等。

5.2 绍兴台风灾害灾情特征

根据绍兴各县市区影响台风的灾情记录结果,台风对绍兴的成灾形式主要包括受灾人口、死亡人口、倒塌房屋、直接经济损失、农作物受灾面积等类型。但由于部分灾害类型的记录缺失,灾情信息时序不统一,以及在灾情采集过程中存在的人为误差,加上灾情本身就存在模糊性及不确定性,所以无法将所有的灾情记录都纳入分析过程。本章选取有代表性的伤亡人口数(个)、倒损房屋(间)、农作物受灾面积(万亩)、直接经济损失(万元)四个指标刻画灾情程度。其中伤亡人口包括由台风导致的死亡人口数和受伤人口数;倒损房屋包括倒塌房屋数和受损房屋数。

5.2.1 人口受灾

一般灾害学中对人口因灾害而造成损害的评价主要包括受灾人口及成灾人口两方面。受灾人口指报告期内遭受自然灾害或意外事故袭击的人口。成灾人口是指因灾直接造成经济损失、人身伤害达到规定程度的全部人口,它包括因灾重伤人口或死亡人口,个人财产遭受损失尤其是住房及基本生活资料遭受损失的人口,农作物及其他副业生产减产减收 3 成及以上的人口。本书根据绍兴历史灾情记录详实状况,选择受伤人口和死亡人口数作为评价指标。

台风灾害突发性强,防御难度大,极易造成人员大量伤亡。1960 年以来,台风灾害造成绍兴市平均每年约 14 人受伤或死亡,重灾年受伤和死亡人数高达 204 人;其中死亡人数总计 306 人,平均每年大约为 5 人,受伤人数总计 474 人,平均每年大约为 9 人。从台风伤亡人数的时间变化来看,表现很不均衡。20 世纪 60 年代全市平均每年因台风灾害伤亡约 27 人,70 年代平均每年 11 人,80 年代平均每年 17 人,90 年代平均每年 21 人,2000—2009 年没有人员伤亡,2010—2015 年平均每年 2 人。其中死亡人数为:20 世纪 60 年代平均每年 12 人,70 年代平均每年 10 人,80 年代平均每年 5 人,90 年代平均每年 4 人,2000—2009 年没有人员因灾死亡,2010—2015 年平均每年 1 人,死亡人数总体呈下降趋势。从历年的伤亡人数来看,20 世纪 60 年代初以及 80 年代后期至 90 年代初期是受灾相对严重的两个时期,其中又以 1962 年和 1990 年最为严重,这和绍兴曾经遭遇两个特大台风有关:6214 号台风造成绍兴 80 人死亡和 124 人受伤,9015 号台风造成 23 人死亡和 111 人受伤。进入 21 世纪以后,政府相关部门进一步加强了台风灾害防御工作,通过完善和落实防台风专项应急预案和各有关部门行业防台风预案,建

立和完善台风预警预报体系,落实监测、预报、预警、撤退等措施,普及灾害
防御知识,增强群众的自我防护能力,及时组织群众转移,完善应对突发台
风灾害的危机管理机制,确保人民群众生命安全。因此,进入 21 世纪以后
人口伤亡个例明显减少,成效显著。见图 5.1。

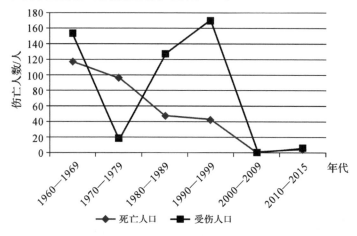

图 5.1　绍兴市台风灾害年代际人员伤亡状况

5.2.2　经济损失

一般而言,社会经济损失按照社会经济部门的不同可以分为社会部门
损失、生产部门损失和基础设施损失三大类。社会部门损失包括住房与人
居环境损失、教育文化部门损失和医疗卫生部门损失;生产部门损失包括农
业部门、工商业部门和旅游部门的受损状况;基础设施损失主要包括电力系
统、交通系统、通信、城市供水、供热、供燃气系统等的损失。在每种部门内
的社会经济损失状况又可以从直接经济损失与间接经济损失两方面分析。
例如在旅游业经济损失中,直接损失包括对旅游资源、旅游基础设施的破坏
程度,而间接经济损失包括此次灾害导致的旅客减少,旅游行业经济效益下
降的经济损失。但是此种分级分类方法对灾情数据要求比较高,可行性一
般都不大,本章主要从典型性的直接经济损失的角度分析,反映绍兴市历史
台风灾害在经济损失方面的现象,并揭示其分布特征。

从绍兴市台风灾害年代际直接经济损失状况(见图 5.2)可以看出,绍兴
台风灾害直接经济损失总体呈上升趋势。20 世纪 70 年代,全市直接经济损

失年均只有 0.01 亿元;80 年代上升至年均 0.5 亿元;90 年代年均约 1.18 亿元;2000—2009 年年均约 2.19 亿元;2010—2015 年直接经济损失大幅度上升,年均约 6.12 亿元。有研究者指出,自然灾害造成的经济损失一方面随自然灾害活动强弱的变化而变化,另一方面伴随着经济发展和社会财富的增加而增长,从图 5.2 中也可以看出,20 世纪 90 年代台风灾害直接经济损失比 20 世纪 80 年代翻了一番,21 世纪前 10 年台风灾害直接经济损失比 20 世纪 90 年代又翻了一番,而 2010—2015 年台风灾害直接经济损失更是 21 世纪前 10 年的 3 倍。

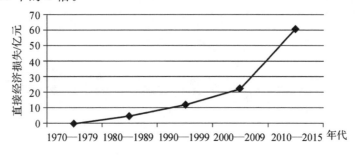

图 5.2　绍兴市台风灾害年代际直接经济损失状况

5.2.3　房屋倒损

台风强大的致灾能力在对房屋的破坏中显露无疑,在对一次台风灾情进行评价的过程中,倒损房屋数也就成了一个主要的评价指标。主要从倒塌房屋数和损坏房屋数两个指标考虑。

如图 5.3,1960—2015 年,台风灾害共造成绍兴市 21.69 万间房屋倒塌或损坏;其中倒塌房屋总计约 8.57 万间,平均每年大约为 1530 间,损坏房屋总计 13.12 万间,平均每年大约为 2343 间。从台风倒损房屋数的时间变化来看,存在一定的波动性,但变化趋势不明显。20 世纪 60 年代全市平均每年因台风灾害倒损房屋 3131 间,70 年代有所下降,平均每年 1296 间,80 年代急速增加,倒损房屋数最多,平均每年约 1.15 万间,90 年代约为 80 年代的一半,平均每年 5087 间。进入 21 世纪以后,因台风灾害倒损房屋数迅速减少,2000—2009 年平均每年 395 间,2010—2015 年平均每年 396 间,这与现代房屋设计结构与建筑质量的提升是密不可分的,随着绍兴社会经济的发展和科学技术的提高,以及政府在台风灾害防御上的巨额投入,由台风导致房屋倒损的现象已不多发。历史上,1988 年的 8807 号台风是对绍兴影响较为严重的台风,造成绍兴 1.14 万间房屋倒塌,损坏房屋 6.7 万间,死亡 16 人,伤 67 人,冲毁堤坝 32km,渠道 33km,小水电 12 座,桥梁 81 座,通信电力杆 2731 根,沉没船只 341 艘,造成直接经济损失 2.2 亿元。

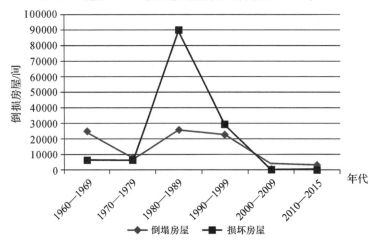

图 5.3　绍兴市台风灾害年代际房屋倒损状况

由上述分析可见,台风导致房屋大量倒损的情况主要发生于 20 世纪,不可否认,随着建筑质量的提升,房屋抵御一般台风的能力已大幅提高,但是较强台风或距离绍兴较近的台风同样会对区县的房屋尤其是农村建筑造成损害,甚至对现在的房屋破坏会造成更大的经济损失及社会影响。比如 2009 年受 0908 号“莫拉克”台风影响,全市受灾人口 27.94 万人,倒塌房屋 1273 间,损坏房屋 34 间,直接经济损失高达 6.18 亿元。

5.2.4　农业受灾

台风是影响绍兴农业生产的主要灾害之一。每年的 7—9 月是绍兴台风的频发期,也是其影响绍兴农业的最盛期。台风强降水引起的洪涝极易冲毁农田,破坏农业灌溉设施等,台风过程降水由于降水量大,降水集中,容易导致农田受淹,形成内渍、湿渍害等农业灾害。此外,台风影响农业的另一重要方面就是台风大风,一般台风影响期间,阵风风力均可达 7~8 级,局部地区 8 级以上,对农作物破坏作用极大,容易造成植株倒伏、果实脱落等灾害。

　　根据绍兴市台风灾情记录分析(见图 5.4),20 世纪 60 年代全市年平均农业受灾面积为 15.46 万亩,70 年代有所下降,平均每年 10.46 万亩,80 年代明显增加,平均每年 16.65 万亩,90 年代比 80 年代略有增加,平均每年 17.19 万亩,21 世纪前 10 年有所减少,平均每年 12.19 万亩,而 2010—2015 年急速增加,平均每年高达 26.38 万亩。可见,近年来随着农业资本和技术集约度的提高,农业灾害损失表现得更为显性、集中,农业受灾面积不仅没有减少,反而有所扩大。

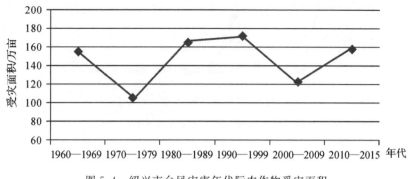

图 5.4　绍兴市台风灾害年代际农作物受灾面积

5.3　不同类型台风灾害灾情特征

　　与台风相伴的大风、暴雨和风暴潮是台风灾害系统的致灾因子,致灾因子的强度、影响范围和产生频率是台风成灾的先决条件和原动力,而决定这些致灾因子的影响范围以及对承灾体影响强度的重要因素就是台风路径。因此,在特定的孕灾环境中,不同路径的台风对承灾体所带来的损失情况通常具有不同的特征,通过分析这些特征,可以为台风灾害防御提供参考。

5.3.1　人口受灾

　　分析不同类型台风造成的人员伤亡状况(见图 5.5)可以看出,20 世纪 60 年代以来,D111 类的台风造成的人口伤亡数最多,共造成 82 人死亡,223 人受伤,此类台风共 9 个,有 44% 造成了人口伤亡,平均每个台风约造成 21 人死亡,56 人受伤。造成人口伤亡数第二多的是 D211 类的台风,共造成 80 人死亡,124 人受伤,但这些人口伤亡是由同一个台风所造成的(1962 年第

14 号台风)。值得注意的是,D121 类和 D122 类是造成人口伤亡率较高的两类台风,其中 D121 类的台风有 50%造成了人口伤亡,平均每个台风约造成 10 人死亡,39 人受伤;D122 类的台风有 33%造成了人口伤亡,平均每个台风约造成 18 人死亡,5 人受伤。另外,有 4 类的台风没有造成人口伤亡,分别是 D112、D221、D31 和 Dn。

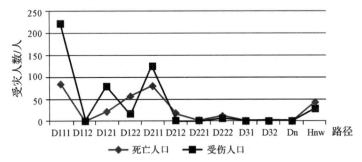

图 5.5　不同类型台风造成人员的伤亡状况

5.3.2　经济损失

从不同类型台风所造成的平均直接经济损失状况(见图 5.6)可以看出,D122 类的台风造成的平均直接经济损失最多,此类台风共 9 个,有 44%造成了直接经济损失,平均每个台风约造成 5.52 亿元的直接经济损失,但这些台风里影响严重的只有 2012 年 1211 号台风"海葵",其较强的强度和直穿绍兴的路径给绍兴带来了 11 级阵风和大暴雨,给全市造成了 20 多亿元的直接经济损失。造成平均直接经济损失第二多的台风是 D111 类的台风,此类台风共 9 个,有 56%造成了直接经济损失,平均每个台风约造成 4.97 亿元的直接经济损失。

5.3.3　房屋倒损

在所有种类的台风路径中(见图 5.7),D121 类的台风造成的房屋倒损最严重,此类台风共有 4 个,有 75%造成了房屋倒损,平均每个台风倒塌房屋 4149 间,损坏房屋 22531 间,但这些台风里影响严重的只有 1988 年第 7 号台风,其正面袭击路径带来狂风暴雨,当时上虞气象站测得的瞬时风力超过 12 级,强风导致全市倒塌房屋 1.14 万间,损坏房屋 6.7 万间。造成房屋

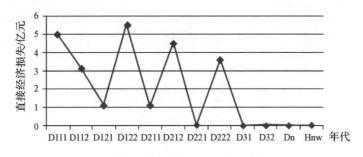

图 5.6　不同类型台风造成的平均直接经济损失状况

倒损第二多的台风是 D111 类的台风,此类台风共 9 个,有 67％造成了房屋倒损,平均每个台风倒塌房屋 5386 间,损坏房屋 7241 间,其中 1989 年第 23号台风和 1992 年第 19 号台风均造成了万间以上的房屋倒塌和损坏。另外,有 2 类台风没有造成房屋倒损,分别是 D221 和 Dn 类。

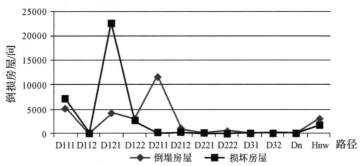

图 5.7　不同类型台风造成的房屋平均倒损状况

5.3.4　农业受灾

分析不同路径台风造成的农作物平均受灾状况(见图 5.8)可以看出,D111 类的台风造成的农作物受灾最严重,此类台风共 9 个,有 67％造成了较明显的农作物受灾,平均每个台风造成农业受灾 50.85 万亩。D211 类的台风造成的农作物受灾程度仅次于 D111 类,此类台风共 8 个,有 37.5％造成了较明显的农作物受灾,平均每个台风造成农业受灾 35.6 万亩,但这些台风里影响严重的只有 1962 年 6214 号台风,其日最大降水量 345.2mm,过程最大降水量 483.6mm,导致全市农业受灾 100 万亩。另外,有 2 类台风没有造成明显的农作物受灾,分别是 D221 和 Dn 类。

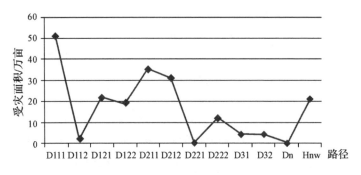

图 5.8 不同类型台风造成的农作物平均受灾状况

5.4 绍兴巨灾台风及其成因

(1)6214 号台风艾美

1962 年 9 月 6 日,6214 号台风"艾美"在福建连江登陆,登陆时中心附近最大风速 30m/s,风力 11 级。受其影响,绍兴全市普降大暴雨,北部地区出现特大暴雨,日最大降水量 345.2mm,过程最大降水量达 483.6mm。在台风暴雨袭击下,绍兴全市发生大范围洪涝,受淹农田 100 万亩,粮食减产 14889 万公斤,死亡 80 余人,冲毁水库 40 余座,倒屋 2 万多间。在收集到的 128 个台风数据中,6214 号台风导致的伤亡人口数和房屋倒塌数都是排名第一,农业受灾面积排名第二。

6214 号台风为 D211 类,即在浙闽边界到厦门之间登陆,以后转向东北出海,路径在绍兴以北。从前面分析可知,台风致灾的主要因素是风、雨、潮,6214 号台风过程最大降水量达 483.6mm,相当于绍兴全年降水的三分之一,如此强的降雨是该台风导致巨灾的主要原因。6214 号台风影响时间在 9 月份,属于秋台风,台风在北上过程中与南下冷空气相遇导致绍兴北部遭遇特大暴雨。另外,从其路径可以看到(见图 5.9),该台风在北上过程中距离绍兴很近,这是造成绍兴出现强降雨的重要原因。因此,6214 号台风与冷空气结合且其路径距离绍兴很近是导致绍兴出现巨灾的原因。

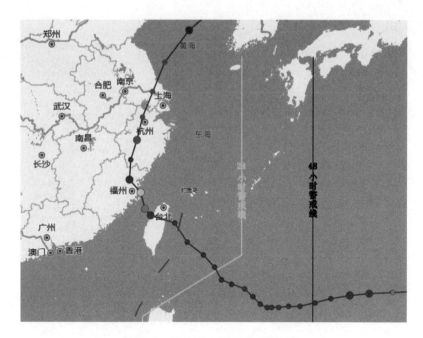

图 5.9　6214 号台风路径(附彩图)

(2)9015 号台风艾碧

1990 年 8 月 31 日,9015 号台风艾碧在浙江椒江登陆,登陆时中心附近最大风力在 12 级以上。受其影响,绍兴全市普降大暴雨,局部地区出现特大暴雨,日最大降水量 260.4mm,过程最大降水量达 415.6mm,过程最大风速 9 级。强降雨导致绍兴暴雨洪涝为患,全市 295 个乡镇 405 个村庄共195.3 万人遭灾,受淹农田 102.6 万亩,其中无收为 5.7 万亩,减产 3.1 亿斤,损失粮食 1.3 亿斤,倒屋 6785 间,死 23 人,重伤 111 人,失踪 2 人,死亡牲畜 1418 头,冲毁渔塘 1343 处,水库 20 座,泵站 9 座,小水电 15 座,桥梁105 座,通讯线路 108 公里,电杆 1769 根,沉船 20 只,造成直接经济损失5.94 亿元。在收集到的 128 个台风数据中,9015 号台风导致的伤亡人口数排名第二,农业受灾面积排名第一。

9015 号台风为 D111 类,即在浙江登陆,以后转向东北出海,路径在绍兴以北(见图 5.10)。与 6214 号台风类似,9015 号台风高达 415.6mm 的过程最大降水量导致绍兴全市洪涝为患。分析其影响时的环流形势和路径,9015 号台风与冷空气结合影响且其路径穿绍兴而过是导致绍兴出现巨灾的主要原因。

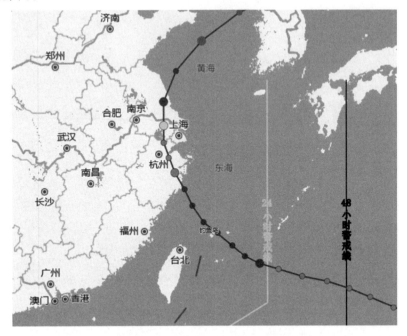

图 5.10　9015 号台风路径(附彩图)

(3)8807 号台风比尔

1988 年 8 月 7 日,8807 号台风比尔在浙江象山登陆,登陆时中心附近最大风速 35m/s,风力 12 级。受其影响,绍兴全市普降大暴雨,日最大降水量166.7mm,过程最大降水量达 203.4mm,过程极大风速 12 级。受 8807 号台风的正面袭击,绍兴全市狂风暴雨为患(当时上虞气象站测得的瞬时风力超过 12 级),致使 41.75 万亩农田受淹,损失粮食 850 万公斤;倒塌房屋 1.14万间,损屋 6.7 万间,死亡 16 人,伤 67 人;冲毁堤坝 32 公里,渠道 33 公里,小水电 12 座,桥梁 81 座,通信电力杆 2731 根,沉没船只 341 艘,造成直接经济损失 2.2 亿元。在收集到的 128 个台风数据中,8807 号台风导致的伤亡人口数排名第三,房屋倒损数排名第一。

8807 号台风为 D121 类,即在浙江登陆,以后西行或北上在内陆消亡,路径在绍兴以北(见图 5.11)。这次台风生成于近海,移速快,登陆前由西北移动路径突然西折,登陆快,导致人们猝不及防,且其路径穿绍兴而过给绍兴带来超过 12 级的阵风是导致绍兴出现巨灾的主要原因。

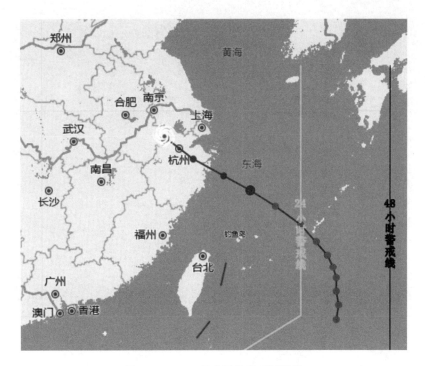

图 5.11　8807 号台风路径(附彩图)

(4)8923 号台风薇拉

1989 年 9 月 15 日,8923 号台风薇拉在浙江温岭县松门镇登陆,登陆时中心附近最大风速 30m/s,风力 11 级。受其影响,绍兴全市普降暴雨,部分地区出现大暴雨,日最大降水量 163.5mm,过程最大降水量 182.6mm。全市受 8923 号台风影响,暴雨洪涝为患,受淹农田达 51.61 万亩,粮食减产1.45 亿公斤,倒屋 1.31 万间,损屋 1.59 万间;死 19 人,伤 47 人,失踪 10 余人;120 多家工厂、38 所中小学遭到严重破坏;洪水冲毁堤坝 49 公里,渠道39 公里,闸坝 174 座,机井 25 眼,泵站 92 座,小水电 53 座,桥梁 53 座,造成直接经济损失达 2.73 亿元。在收集到的 128 个台风数据中,8923 号台风导致的伤亡人口数排名第四,房屋倒损数排名第三。

8923 号台风为 D111 类,即在浙江登陆,以后转向东北出海,路径在绍兴以北(见图 5.12)。虽然 8923 号台风强度不强,登陆时只有强热带风暴级,但其路径穿绍兴而过且强降雨出现时间较为集中,使绍兴暴雨洪涝为患,是导致绍兴出现巨灾的主要原因。

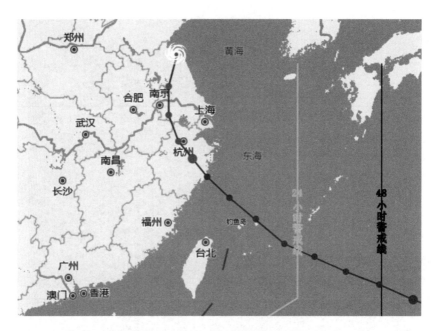

图 5.12　8923 号台风路径(附彩图)

(5)9219 号台风泰得

1992 年 9 月 23 日,9219 号台风泰得在浙江平阳登陆,登陆时中心附近最大风速 30m/s,风力 11 级。受其影响,绍兴全市普降暴雨,部分地区出现大暴雨,日最大降水量 242.5mm,过程最大降水量达 346.2mm。强降雨导致绍兴暴雨洪涝为患,受灾人口达 38 万人,受淹农田 38 万亩,堤坝决口 1257 处,倒屋万间,损屋 2.1 万间,死 10 人,失踪 10 人,造成直接经济损失 2.75 亿元。在收集到的 128 个台风数据中,9219 号台风导致的房屋倒损数排名第二。

9219 号台风为 D111 类,即在浙江登陆,以后转向东北出海,路径在绍兴以北(见图 5.13)。与 9015 号台风类似,9219 号台风高达 346.2mm 的过程最大降水量导致绍兴全市暴雨洪涝为患。分析其影响时的环流形势和路径,9219 号台风与冷空气结合影响且其路径穿绍兴而过是导致绍兴出现巨灾的主要原因。

通过对上述绍兴巨灾台风的分析可知,台风对绍兴的致灾因子主要是降水,而台风路径穿绍兴而过以及台风与冷空气结合影响则是导致强降水发生的主要原因。

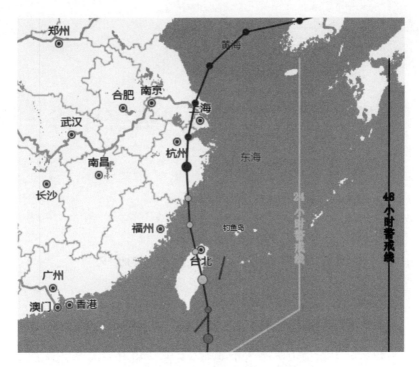

图 5.13　9219 号台风路径(附彩图)

第六章　绍兴台风灾害评估

6.1　台风灾害与台风灾害风险基本概念

6.1.1　灾害概念与分类

何为灾害？根据国内外学者的观点，灾害是相对于人类社会而言的异常现象，是以国家或社会财富的损失和人员的伤亡为客观标志的。所以凡是能造成国家或社会财富损失和人员伤亡的各种自然、社会现象，都可称之为灾害。葛全胜认为凡是危及人类生命财产和生存条件安全的各类事件均可称为灾害。其实质是地球系统自然环境变化作用于人类社会的结果，既含自然因素，也包括人为因素，尤其是人类社会承受或适应自然环境变化的能力。

灾害有自然灾害与人为灾害之分。前者是指各种宏观自然现象直接导致的危害人类社会与经济发展的损失事件。后者是指人类自身的行为直接导致的各种灾害事故损害，它是由人类在生产、生活活动中的过错或过失造成的一般称为事故或事故灾害。

对自然灾害的定义尚无统一标准。比较一致的认识是，自然灾害指自然变异超过一定程度，对人类和社会经济造成损失的事件。自然灾害是地球表层孕灾环境、致灾因子、承灾体综合作用的产物。

由上不难看出，自然灾害具有这样几个属性：属于自然、社会的异常现象，伴随人类社会产生发展而存在，受人类活动区域制约，导致负面结果（如物质财富损失、生命健康精神损失、破坏自然资源、干扰正常生产生活活动等）。自然现象与灾害区别在于：只要自然因素的变异程度不超过人类社会的承受能力，就不会产生危及人类生命财产和生存条件安全等对人类社会不利的后果。这时即使自然因素的变异程度很大，也只是一种自然现象，并非灾害。只有当变异程度超过人类社会的承受或适应能力，造成危及人类生命财产和生存条件安全的不利的后果才形成灾害。

6.1.2 台风灾害的属性

台风灾害是自然灾害之一，自然灾害是一种非常态的自然社会现象。自然灾害发生实质是自然环境变化作用于人类社会的结果。自然灾害的发生及严重程度，不仅取决于自然因素的变异程度，而且与人类社会承受或适应环境变化的能力大小有关，是两方面相互作用的结果。所以，自然灾害具有自然属性与社会属性，台风灾害同样也具有自然与社会的双重属性。研究分析评估预测台风灾害必须兼顾这两个方面的属性。

6.1.3 台风影响危害

台风灾害是气象灾害中最为严重的一类，其主要威胁源于它释放能量的三种方式，其相应成灾途径主要有大风、暴雨洪水、风暴潮致灾，每种致灾途径又可产生次一级灾害，形成相应台风灾害链。其主要影响危害是由台风产生的大风、暴雨或引发的山洪暴发、河流泛滥、洪涝，以及巨浪、风暴潮、崩塌、滑坡、泥石流等次生灾害，造成人类生命财产和生存条件安全受损，包括毁坏庄稼、摧毁建筑、物资毁损、人畜伤亡、交通与电力及水利等生命线工程被毁、通信受阻、海难等各种损害。

6.1.4 台风灾害形成机制

灾害的形成，按时间过程长短一般可分为缓发性灾害、突发性灾害，但不论时间长短都有一个发生发展演化进程，台风灾害也不例外，其整个灾害周期包括孕育、潜伏、预兆、爆发、持续、衰减、平息七个阶段。根据目前比较公认的台风灾害（风险）形成因素，其形成主要取决于四方面：台风致灾因素活动度、孕灾环境、承灾体暴露度与适应性（或脆弱性）、防灾减灾能力。

①致灾因素:灾害产生的首要条件是存在风险源,主要是灾害本身的危险程度,包括致灾因子类别、规模、强度、频率、影响范围、灾变等级等。致灾因素频率越高、异常程度越大,相应灾害风险可能越高。

②承灾体特征:承灾体是致灾因素的作用对象,其特征包括种类、范围、数量、密度、价值等。破坏损失状况指损失构成,即受灾种类、毁损数量、毁损程度、价值、经济损失、人员伤亡等。主要反映承灾体的脆弱性、承灾能力和可恢复性。

③孕灾环境:包括自然和社会经济两个方面。自然的主要指大气环流和天气系统、水文条件、地形地貌、植被条件;社会的主要指社会经济条件,也包括灾害防治能力。主要反映承险体对破坏与损害的敏感性方面。

④防灾能力:工程措施的工程量、资金投入、减灾效益,非工程性措施及实施效果。

关于其形成机制,国内外主要有几种理论:致灾因子论、孕灾环境论、承灾体论、区域灾害系统论。随着认识的深入,为了避免强调某一方面忽视其他,现在从全面综合角度考虑问题居多。一般台风的活动规模、强度、频次越高,灾害的可能损失越严重;承灾体暴露于威胁环境中的种类越多和价值越大,灾害的可能损失越严重;承灾体对灾害的承受能力越差,脆弱性越高,抵御灾害的能力越差,灾害的可能损失越大;而防灾减灾能力越强,灾害的可能损失削减;而孕灾环境则是起到促进或延缓灾害发生发展的作用。总之,一个地区台风灾害风险及严重程度是这几个因素综合作用的结果。

6.1.5　台风灾害风险基本概念

风险有多种含义,其中有两种最常用:一是指某个客体遭受某种伤害、毁灭或不利影响的可能性;二是指某种可能发生的危害。自然灾害风险也包括两种含义:一是某种程度自然灾害发生的可能性(即致灾可能性),二是某种自然灾害给人类社会可能带来的危害(即风险损失,是因受致灾因子威胁,某种承灾对象可能遭受的损失)。根据台风灾害形成机制、风险含义与有关自然灾害风险理论,我们把台风灾害风险定义为:台风活动伴随的大风暴雨天气与次生灾害对人类、社会、经济、资源环境等造成破坏危害的可能性。所以台风灾害风险也具有自然与社会双重属性。

台风灾害风险涉及几个基本概念：一是台风灾害风险识别；二是台风灾害风险分析；三是台风灾害风险评价；四是台风灾害风险管理。

台风灾害风险识别：对面临的潜在台风灾害风险加以判断、归类、鉴定的过程。主要识别台风灾害发生的风险区、引起台风灾害的主要危险因子，引起后果的严重程度，台风灾害危险因子的活动规模与强度、频度及时空分布等。

台风灾害风险分析：根据历史资料分析给出台风灾害事件在某一区域发生的概率以及产生的后果，根据致灾机制给出台风灾害风险指数大小，是台风灾害风险管理的核心部分。

台风灾害风险评价：在台风灾害风险分析基础上，建立相关评估模型，测算一定台风特征、风险区特征、防灾减灾能力下各种承灾体的量化损失。

台风灾害风险管理：针对不同的风险区域，利用台风灾害风险评价结果判断是否采取措施，采取何种措施以及怎样采取措施，并对采取措施后可能出现什么后果等作出判断。

6.1.6　台风灾害风险种类

台风灾害风险种类划分尚无统一性，视认识和需求的不同而定。一般以致灾因子、承灾体、风险管理等加以分类。

按台风致灾因子分类：风灾风险、雨洪灾风险、内涝灾风险、风暴潮灾风险、次生灾害风险（滑坡、泥石流、崩塌）等。

按承灾体分类：城市台风灾害风险、农业台风灾害风险、工业台风灾害风险、海洋台风灾害风险、交通台风灾害风险、通信台风灾害风险、其他承灾体台风灾害风险。各类承灾体台风灾害风险又可依据具体种类进一步细分。

按风险管理分类：决策风险、科技风险、工程风险、保险风险（可保或不可保）、其他风险等。

6.1.7　台风灾害风险特征

台风灾害风险普遍存在，具有模糊不确定性，有空间差异与区域特征，有一定规律可循，一定程度上可测可控。

　　台风灾害具有自然与社会经济的双重属性,致灾因子异常或人类活动干扰均可能影响台风灾害的发生状况。在导致台风灾害风险的多种因素中,无论是台风致灾天气现象,还是其他影响因素都客观存在于自然、社会经济生活的各个方面,台风灾害风险后果对人类社会经济产生广泛的直接或间接影响,而且都是不确定的,所以风险无处不在,具普遍性。从根本上看,由于风险普遍客观存在,当决定产生风险的各种因素积累到一定量值,一旦出现诱发因素,就会使风险转变为灾害现实,所以台风灾害发生本质上又是不可避免的。由于导致台风灾害风险的因素是普遍地客观存在的,所以必须充分认识风险、承认风险,加强风险的预警和防范研究,建立风险预警系统,完善风险防范机制,采取相应的措施,尽可能减小和化解风险。

　　不确定性既与台风致灾因子自身变化的不确定性有关,也与认识与评价台风灾害的方法不精确、评价结果不确切、减灾措施适当程度有关。台风灾害的发生是随机事件,本身就具有不确定性,除了受大气环流与其他天气系统的影响,还与下垫面状况、人类活动都有关联,其影响范围、时间和强度均存在很大不确定性。而受制于人类认识的局限性,我们还无法明晰表达台风灾害各风险因素的确切定义,迄今对台风灾害风险评定标准和台风灾害本身的界定均没有明确的边界,存在模糊性。

　　由于形成台风灾害差异的致灾因子、孕灾环境、承灾体、抗灾能力等风险因素在空间分布方面都存在很大差异,不同区域的台风灾害风险存在多样性与地域性特征,如海上以台风风浪灾害风险为主,沿海地带则以大风、暴雨、风暴潮灾害风险为主,内陆地区以暴雨内涝灾害风险为主,山地则以山洪地质灾害风险为主要地域特征。

　　台风灾害尽管是随机事件,具有模糊不确定性特点,但台风天气系统的形成和发展消亡总体上是能量交换的过程,对人类社会经济影响也是要积累到一定量级才能起作用,整个过程虽受多种因素制约,但有一定规律可循,有重现性特点。随着科技进步与对台风灾害认识水平的提高,对台风灾害从孕育、潜伏、预兆、爆发、持续、衰减、平息等整个发生发展演变过程的认识程度也必将加深。通过进一步研究其双重属性特征、探索掌握不规则周期变动规律、评估灾害风险大小,采取监测、预报和防治等有力措施,从而减轻台风灾害损失,保护人类社会经济各类承灾体的安全。

6.1.8 台风灾害风险与台风灾害联系及区别

首先需要弄清基本概念,即何为台风灾害风险、什么是台风灾害,两者区别与联系表现在哪里?尽管各界目前尚无统一定义,但综合各家观点,其基本区别在于:

台风灾害风险是指台风活动伴随的大风暴雨天气与次生灾害活动对人类、社会、经济、资源环境等造成破坏危害的可能性。具体而言,是指一定时空内台风发生的可能、活动程度、破坏损失危害的可能性有多大。而当这种由台风活动导致的破坏和危害的可能性,即风险变为现实,便成为台风灾害。所以,两者具有因果关系,即发生台风灾害是由于台风灾害风险这个前提的存在,是由于台风灾害风险孕育到一定程度引起质变。同时,台风灾害风险与台风灾害都具有自然与社会双重属性,都不可避免地、客观地、普遍存在于人类社会发展进程中,所以必须做好长期性的监测预测防治准备。

6.1.9 研究台风灾害的必要性

台风灾害是自然灾害中最为严重的灾种之一。台风是生成于热带或副热带洋面上的破坏性很强的天气系统,是世界上发生频率最高的主要灾害性天气,常伴有狂风、暴雨和风暴潮。我国是世界上少数几个受台风影响最严重的国家之一,台风的影响范围主要集中在我国东南沿海地区及海域。台风常通过狂风、暴雨和风暴潮致灾,台风强风会产生巨大的压力、剪力、弯矩、负压等破坏力,造成承灾体风损毁;台风暴雨与风暴潮增水会引起洪涝与漫滩,产生许多衍生灾害。狂风、暴雨和风暴潮还会进一步引发次生灾害,形成巨浪、洪水、山洪暴发和滑坡、泥石流等灾害链从而加大灾情,造成更为严重的灾难性后果,严重威胁人类、社会经济、城市资源与环境安全。据瑞士再保险公司统计,造成全球保险损失金额最高的 10 大灾害中 8 成与台风有关。近二十多年间,世界上台风极端事件频发,造成的损失日趋严重。我国 1988—2010 年每年因台风造成的直接经济损失高达 290.5 亿元。随着经济社会快速发展与生态系统的日趋复杂化,台风造成的灾害损失呈逐年增长态势。有关研究表明,气候变化或可能导致海平面上升、台风登陆点北移等现象,将使更多地区面临台风影响的可能性。因此,开展台风灾害评估,客观地估测台风影响事件的潜在发生风险,揭示其可能带来的损失,不仅是防灾、抗灾、救灾资金发放和保险理赔的重要依据,而且在制定和实施台风灾害风险防范策略,评价防灾减灾效益,制定社会经济发展规划,减轻及避免台风灾害事件带来的损失,促进经济和社会的可持续性发展中起着重要作用。

绍兴地处浙江中北部,人口密度较大,经济发展水平较高。每年平均有2～3个台风会影响到绍兴,年均有1～2个会造成较大的不利影响。鉴于此,基于绍兴2002年以来的历史台风灾情资料,建立适合绍兴地区的台风灾情指数,通过与台风风雨因子相关分析,揭示关键致灾因子,并建立台风灾害损失评估模型,对绍兴台风灾害损失评估开展研究,以期为绍兴地区的台风灾害评估和防灾减灾工作提供科学依据。

6.2　台风灾害与台风灾害风险评估研究进展

台风风险评估是以承灾地区为评估对象,定量计算其遭受损失的可能性及大小。台风灾害风险评估的对象是台风易发的地区,是历史的常态性评估;台风灾害的风险评价是根据台风灾害的频度、强度以及承灾体的属性,对未来承灾地区可能发生的台风灾害的预评估。台风灾情评估的对象是一次具体的台风过程,评估的对象是正在或刚刚发生的台风灾害导致的损失严重程度。灾情评估(亦称为灾害的损失评估)是指在掌握丰富的历史与现实灾害数据资料的基础上,应用统计方法对已经或正在发生的灾害可能造成的、正在造成的或已经造成的人员伤害与财产或利益损失进行定量的估算,并评估其灾害严重程度。

台风灾害与风险评估自20世纪60年代就开始,在理论研究和应用实践方面都取得了很多成果。综合现有研究成果,主要包括台风灾害系统理论研究、风险评估、灾情评估、经济损失评估、防灾减灾能力评估、生态评估等方面。特别是近十多年来,随着经济社会的快速发展,台风灾害损失的加剧,台风风险评估成为国内外广泛关注的热点,取得了丰硕成果,成果主要集中于台风大风暴雨及灾情损失方面。但国内外侧重点有明显不同。在国外,对飓风(Hurricane)损失评估的研究较多集中在风工程领域,尤其侧重结构易损性等方面,较为主流是以台风路径、风场、建筑结构损失的统计模拟为主,并在模拟的基础上进行地区风险评估及保险损失的计算。而国内通常采用台风灾害的指标评估方法,分别建立台风致灾因子、承灾体、孕灾环境、应对能力的指标体系,评估台风灾情、划分风险等级,主要包括灾情指数法、层次分析法、模糊综合评判法、神经网络方法、物元可拓方法等。另外,近年来一些学者侧重对台风自身影响力的研究,国外学者 Emanuel 提出了表征台风潜在破坏能力的能量耗散指数,此指数虽考虑了大风破坏力,但未顾及暴雨致灾力。国内张庆红等则用多元回归建立了一个能综合反映台风大风与暴雨致灾能力的台风影响力指数,评估其对经济损失的影响程度;陈海燕等用典型相关方法构建了一个与灾情损失相对应的浙江台风影响强度分级指数。但综合来看,当前流行的台风影响及灾害风险评估方法,多采用传统数理统计方法。基本思路多数是先建立各类评估指标,再应用层次分析、回归、判别等方法,权重选择常依赖专家经验,即使人工智能法,基于样本信息的先验知识,克服了主观性,仍需依靠传统的多元正态分布和线性相关假设,难以避免靠近众数的特性,这与台风影响数据非线性非正态、厚尾的特征很不相吻,不能很好表征导致巨大损失的强影响台风,而且通常只能给出确定性的结论。近年刘德辅等学者面向城市设防与海洋工程建设,发展了极端海况复合极值分布模型,可对风浪流进行风险评估,并已在国内外多地得到应用而取得良好效果,代表了当今极端海况风险研究的最新成就,但他未关注风雨潮综合致灾影响评估。另外,近期上海台风所研究人员探索了台风风雨致灾风险概率评估方法,用台风风雨强度超越概率及重现超越概率评估台风影响致灾风险程度,较好体现了台风灾害风险随机不确定性的本质特性,对评估极端风险产生的偏差有较好改善。

6.3 绍兴台风灾害分析

6.3.1 绍兴市台风灾情基本特征

(1)绍兴全市灾情总体概况

绍兴地区影响台风数目最多的年份为 2005 年,有 5 个,近年来影响台风数有减少趋势。就年均受灾情况而言,致灾台风 1.21 个,致灾比 0.5,受灾县数 3.07 个,受灾指标合计 7.36 项,直接经济损失 59500.18 万元,受灾农田面积 13470.86 公顷,房屋倒塌 395.14 间,死亡 0.29 人。见表 6.1、图 6.3。

　　绍兴致灾台风年际间变化尚较大,其中,致灾台风及致灾比例无明显时间趋势,但受灾县数、受灾指标合计、直接经济损失、受灾农田面积均随时间有增大趋势,而房屋倒塌数在 2009 年之前为上升趋势,之后为下降趋势,除了 2013 年 23 号"菲特"台风造成 4 人死亡,其他影响台风均无人员死亡,这体现出以人为本防灾理念得以进一步落实。

表 6.1　2002—2015 年绍兴地区台风灾情资料

Y	台风数	致灾比	灾台次	受灾县数	4 项指标合计数	修正直接经济损失(万元)	修正农业受灾面积(公顷)	修正房屋倒塌(间)	修正死亡人口(人)
	Y0	y1	y2	y3	y4	y5	y6	y7	
2002	2	0.5	1	1	3	1079	2217.7	81	0
2004	4	0.25	1	1	1	300	0	0	0
2005	5	0.8	4	6	9	82170	10641.6	531	0
2006	3	0.333333	1	1	1	0	0	2	0
2007	2	1	2	5	10	74051.54	43069	1266	0
2008	4	0	0	0	0	0	0	0	0
2009	1	1	1	5	15	63543.17	26615.17	1390	0
2010	2	0	0	0	0	0	0	0	0
2011	2	1	2	6	10	5720.12	202.03	485	0
2012	2	0.5	1	5	15	207698.1	26863.87	899	0
2013	2	0.5	1	5	16	252811	36384	459	4
2014	2	0	0	0	0	0	0	0	0
2015	3	1	3	8	23	145629.6	42598.6	419	0
年均	2.43	0.5	1.21	3.07	7.36	59500.18	13470.86	395.14	0.29

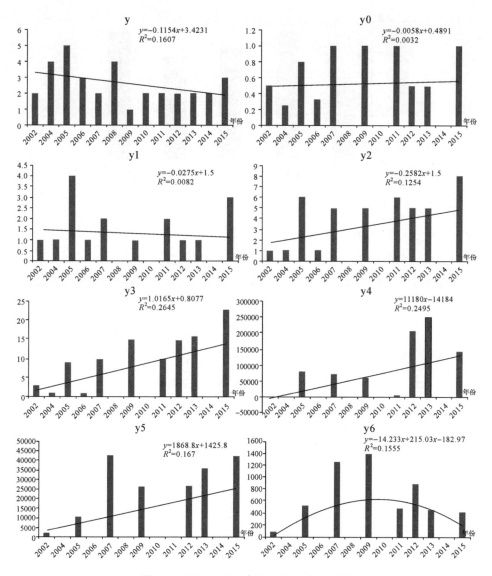

图 6.1　2002—2015 年绍兴地区台风灾情

(2)绍兴各地台风灾情差异

从 2002—2015 年绍兴致灾台风年均次数地区分布来看(见图 6.2),上虞区、诸暨市较多为 0.71 次,柯桥区最少为 0.43 次,嵊州市多于新昌县,两者分别为 0.64 次、0.57 次。

其他灾情指标年均地区分布:年均 4 项受灾指标合计数由大到小依次

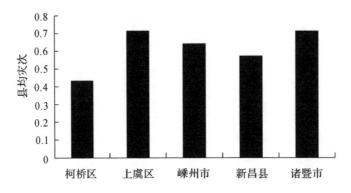

图 6.2　2002－2015 年绍兴致灾台风年均次数地区分布

为上虞区、新昌县、诸暨市、嵊州市、柯桥区。年均直接经济损失由大到小依次为上虞区、嵊州市、柯桥区、新昌县、诸暨市。年均农业受灾面积由大到小依次为上虞区、诸暨市、嵊州市、新昌县、柯桥区。年均房屋倒塌数由大到小依次为嵊州市、新昌县、诸暨市、上虞区、柯桥区。台风死亡人数除上虞区外均无发生。从受灾次数与灾情综合指数结合来看,柯桥区相对较不易受灾,而上虞区为最易受灾地区,其他依次为诸暨市、嵊州市、新昌县。见表 6.2。

表 6.2　2002－2015 年绍兴各地年均台风灾情资料

	致灾台风占比	直接经济损失（万元）	农业受灾面积（公顷）	房屋倒塌（间）	年均致灾数（个）	4 项受灾指标合计（项）	死亡人口（个）	年均灾情综合指数
	y0	y1	y2	y3	y4	y5	y6	Y
柯桥区	0.18	7823.87	906.25	14.71	0.43	0.93		0.4006
上虞区	0.29	19471.38	4294.77	55.14	0.71	1.71	0.29	0.6402
嵊州市	0.26	15337.79	1917.02	92.86	0.64	1.50		0.5721
新昌县	0.24	7071.36	975.15	79.00	0.57	1.57		0.5332
诸暨市	0.29	6418.93	2365.88	78.86	0.71	1.57		0.6261

6.3.2　绍兴市台风灾情成因分析

绍兴台风灾情的形成也离不开灾害形成的四大因素。

灾害产生的首要条件是存在致灾因素。从致灾因素看,台风的强度越强,异常程度越大,致灾因素频率越高,台风带来的风、雨、潮灾害就越严重,造成的人员伤亡和经济损失也就越严重。影响绍兴的台风主要具有大风、暴雨两种致灾方式,而这两种方式在不同强度条件和不同登陆路径下又有着不同的组合方式。比如台风强降水,造成城市被淹引起内涝,在山区造成山洪暴发,河流泛滥,冲毁民房、村镇,冲毁道路、桥梁,淹没农田,在坡地造成崩塌、滑坡、泥石流、水土流失等地质灾害。如在水库区,由于上游山洪暴发而水库排水、溢水不畅则有可能发生溢堤,甚至垮坝事件,形成热带气旋暴雨灾害链。

孕灾环境反映了环境条件对承灾体的影响特性。广义不仅包括地质、地理、气候等背景因素,涉及大气环流与天气系统、地形地貌、水文条件、植被条件、社会经济条件,也包含灾害防治能力。但从绍兴实际情况来看,主要是形成洪涝及地质灾害的自然因素,如河流水体、海拔高度、地形起伏、植被覆盖等因素。一般河谷平原低洼区更易受洪涝威胁,山谷地带易遭山洪地质灾害侵袭。

承灾体是致灾因素的作用对象,承灾体的承灾能力和可恢复性决定了其自身的脆弱性。承灾体的特征包括承灾体的种类、范围、数量、密度、价值及破坏损失状况等。绍兴属于经济相对发达、人口密度较大地区,区域间存在一定不平衡性,随着人口经济体量增大,脆弱性有一定增大趋势。

防灾能力表征了绍兴为免受或少受某种灾害威胁而采取的综合防台措施力度大小,反映了人们应对台风灾害的主观能动性,主要包括工程措施的工程量、资金投入、减灾效益,预测预警、保险、人群防台意识教育等非工程性措施及实施效果。绍兴的综合防台能力,总体上随着地方经济发展、地方财政投入加大、人均收入水平提高、科技发展而增强。

就绍兴灾情形成主要因素,可通过加大财政投入、兴修水利、改造环境、调整产业结构与布局等减轻台风对绍兴地区灾害的影响。

6.4　台风灾害定量损失评估

6.4.1　技术和方法

（1）研究资料说明

书中用于灾害损失评估分析的台风灾情损失资料主要来自民政部门、

气象灾害年鉴、防汛指挥部、区县气象站提供的历史气象灾害记载,但历史灾情资料记录并不完整。社会经济资料来自于浙江、绍兴统计局编制的统计年鉴。

台风影响资料取自 2002—2015 年绍兴各个区、县(市)气象站历次台风影响时的风雨资料,包括过程降水量、过程面雨量、日最大降水量、过程极大风速、过程平均最大风速,还有由上述风雨资料加工成的大于各级阈值站点数资料、全市极大值资料、全市平均值资料。

(2)研究方法

①灾况的表示方法

全市受灾情况(灾况)是指灾情出现与否,若绍兴辖区内在台风影响期间,出现一种或以上灾情指标,就算 1,反之算 0(分项灾情指标灾况:出现算1,不出现算 0)。各县合计是指 5 个区、县(市)出现该灾况合计县市数。全市修正灾况是各县合计与绍兴市比较取大值[以避免漏掉不在区、县(市)统计范围内可能有灾的情况]。然后采用相关分析方法对全市受灾情况与各地各分项指标出现情况进行分析。

表 6.3　全市修正灾况与各区县各项指标灾况相关系数

	柯桥区	上虞区	嵊州市	新昌县	诸暨市	各县合计	绍兴市	全市修正
全市修正灾况	0.7585	0.7112	0.7571	0.6954	0.7123	0.9888	0.7530	1.0000
农业受灾灾况	0.6772	0.5865	0.6909	0.6148	0.6817	0.8905	0.7533	0.8997
受伤人口灾况		0.2728	0.1487		0.2380	0.3702	0.3860	0.3702
死亡人口灾况		0.2618	0.1979	0.1813	0.2718	0.3890	0.3965	0.3918
房屋倒塌灾况	0.5841	0.5978	0.6704	0.6112	0.6507	0.8599	0.7265	0.8818
房屋损坏灾况		0.2508	0.1487	0.0943	0.1487	0.2869	0.4259	0.3975
直接经济损失灾况	0.7585	0.6939	0.7730	0.6670	0.7162	0.8976	0.7300	0.9073

如表 6.3,全市修正灾况能很好反映农业灾况、直接经济损失灾况及房屋倒塌灾况等,它与这些分项指标正相关密切,相关系数达 0.8818～0.9073,但与房屋损坏、受伤人口、死亡人口灾况相关小于 0.4。

全市修正灾况在空间上,与各区、县(市)灾况的相关系数达 0.6954～0.7585,能比较好地反映各地受灾情况,具代表性。地区相关性由高及低依次为柯桥区(0.7585)、嵊州市(0.7571)、诸暨市(0.7123)、上虞区(0.7112)、新昌县(0.6954)。

　　全市修正灾况与各区、县(市)的农业受灾灾况相关系数在 0.5865～0.6909,由高及低依次为嵊州市、诸暨市、柯桥区、新昌县、上虞区。

　　全市修正灾况与各区、县(市)的房屋倒塌灾况相关系数在 0.5841～0.6704,由高及低依次为嵊州市、诸暨市、新昌县、上虞区、柯桥区。

　　全市修正灾况与各区、县(市)的直接经济损失灾况相关系数在 0.667～0.7730,由高及低依次为嵊州市、柯桥区、诸暨市、上虞区、新昌县。

　　由上可见,全市修正灾况能综合体现全市受灾情况,还表现在与各地农业灾况、直接经济损失灾况及房屋倒塌灾况等分项指标密切相关。但与受伤、死亡及房屋损坏指标灾况相关不密切,这间接反映出当地防灾减灾方面做得比较到位,人员得到更好保护,房屋一般建设达标,不易遭受损失。而判定受灾与否采用全市修正灾况指标衡量也是合理的。可见,总体来看,采用全市修正灾况指标反映地区受灾情况具合理性与代表性。

　　②综合灾情表征及分析

　　台风灾害研究中首先要定量、简便、准确地对台风灾害灾情损失轻重加以区分比较,台风灾害损失的定量评估是复杂而又困难的工作,既是灾害学研究的重要课题,也是灾害理论研究中的一个难题之一。研究的焦点依然是如何科学、客观地将一个多指标问题综合成一个单指数的形式,以使灾情评估成为可能。虽然台风影响造成的损失是多方面的,但从社会指标、范围指标、经济指标三个方面去表征还是比较综合全面的。台风致灾造成的灾情损失后果表现为积水受淹、房屋倒损、人员伤亡、通信与交通中断等。考虑客观、时效、易得与可比性,在众多灾情指标中,选取直接经济损失、农田受灾、房屋倒损及人员伤亡作为台风灾情损失表征指标,其数值大小基本上代表总的灾害损失程度。并应用累积概率方法将各项灾情损失指标综合为一个灾情指数,用以反映灾情等级严重程度。

　　为了进行台风灾害损失的定量估算,减少灾情指标的随机波动和资料本身的误差,采用累积概率方法计算历次各项灾情损失指标相对大小,并将历次灾情损失指标相对大小通过平均综合为一个灾情指数,用以反映各次灾情相对严重程度。具体方法如下。

首先将直接经济损失、农田受灾、房屋倒损、人员伤亡四个损失指标由小至大排序,并分别计算出累积概率,将累积概率作为灾情指数:

$$F_{ij}=M_{ij}/N$$

F_{ij}:为第 i 个灾情指标第 j 次影响台风的累积概率值;

M_{ij}:为第 i 个灾情指标第 j 次影响台风的累积频数;

N:为影响台风总数。

然后分别计算出各次灾情指标的累积概率的平均值,即得各次台风综合灾情指数。

由表 6.4 可见,基于累积概率灾情指数能比较真实地体现各项灾情损失的大小(但人员死亡只有一个样本,过少)。而综合指数 y4-y7 较其他组合指数更能全面反映综合受灾轻重及各受灾指标的大小。其中与修正直接经济损失、修正农业受灾面积、修正房屋倒塌的线性相关达 0.759、0.87、0.822,与死亡人口相关 0.367,仍高于其他灾情组合因子。是否受灾则以 y1-y7 指数表示好于其他,受灾县数以 y2-y3、受灾指标合计数以 y2-y7 指数表征更好。

表 6.4　不同组合灾情指数与各灾情指标之间的相关系数

	y1-y7（指数）	y2-y7（指数）	y3-y7（指数）	y4-y7（指数）	y2、y4-y7（指数）	y2-y3（指数）	y4-y6（指数）
y1-y7(指数)	1	0.99	0.973	0.948	0.984	0.981	0.949
y2-y7(指数)	0.99	1	0.994	0.977	0.997	0.97	0.977
y3-y7(指数)	0.973	0.994	1	0.992	0.994	0.94	0.992
y4-y7(指数)	0.948	0.977	0.992	1	0.985	0.896	1
y2、y4-y7(指数)	0.984	0.997	0.994	0.985	1	0.955	0.985
y2-y3(指数)	0.981	0.97	0.94	0.896	0.955	1	0.896
y4-y6(指数)	0.949	0.977	0.992	1	0.985	0.896	1
y1(指数)	0.906	0.836	0.793	0.747	0.823	0.891	0.748
y2(指数)	0.961	0.94	0.896	0.853	0.929	0.986	0.853
y3(指数)	0.972	0.972	0.958	0.914	0.953	0.984	0.914

	y1－y7 (指数)	y2－y7 (指数)	y3－y7 (指数)	y4－y7 (指数)	y2、y4－y7 (指数)	y2－y3 (指数)	y4－y6 (指数)
y4(指数)	0.912	0.927	0.928	0.945	0.945	0.855	0.944
y5(指数)	0.906	0.942	0.96	0.968	0.949	0.86	0.968
y6(指数)	0.887	0.919	0.944	0.942	0.916	0.842	0.943
y7(指数)	0.324	0.361	0.367	0.367	0.361	0.333	0.356
灾否	0.906	0.836	0.793	0.747	0.823	0.891	0.748
受灾县数	0.89	0.912	0.879	0.85	0.908	0.932	0.849
合计数	0.87	0.914	0.904	0.887	0.912	0.894	0.885
修正直接经济损失	0.675	0.735	0.74	0.759	0.752	0.666	0.754
修正农业受灾面积	0.751	0.818	0.841	0.87	0.838	0.715	0.868
修正房屋倒塌	0.719	0.771	0.801	0.822	0.784	0.67	0.824
修正死亡人口	0.324	0.361	0.367	0.367	0.361	0.333	0.356

用灾情指数 y4－y7 能综合反映历次受灾轻重(见表 6.5)。灾情指数最大的 5 个台风都是各项损失位于前列的台风,且都出现在 2007 年以后,其修正直接经济损失位居前五,均大于 60000 万元;修正农业受灾面积超过 25000(公顷),均居前五;修正房屋倒塌位居前三有 3 个,1 个位居前五,1 个位居前七。如灾情指数 y4－y7 最大的 2007 年第 16 号台风是修正农业受灾面积第一、修正房屋倒塌第二、修正直接经济损失第四的台风;2013 年第 23 号台风为修正直接经济损失最大、修正农业受灾面积第三,且为唯一造成死亡 4 人的台风;2012 年第 11 号台风为修正直接经济损失第二、修正房屋倒塌第三、修正农业受灾面积第四的台风;2009 年第 08 号台风为修正房屋倒塌第一、修正直接经济损失第五、修正农业受灾面积第五的台风;2015 年第 09 号台风为修正直接经济损失第三、修正农业受灾面积第三、修正房屋倒塌第七的台风。

表 6.5 灾情指数 y4-y7 与各项灾情指标

台风年份	台风编号	y4-y7	y1 灾否	y2 受灾县数	y3 合计数	y4 修正直接经济损失（万元）	y5 修正农业受灾面积（公顷）	y6 修正房屋倒塌（间）	y7 修正死亡人口（人）
2007	16	0.963	1	4	7	72000	39786	1167	0
2013	23	0.956	1	5	16	252811	36384	459	4
2012	11	0.949	1	5	15	207698	26864	899	0
2009	8	0.934	1	5	15	63543	26615	1390	0
2015	9	0.926	1	5	14	133326	39583	337	0
2005	13	0.875	1	1	3	7450	8164	498	0
2015	13	0.824	1	2	6	10534	2933	62	0
2007	13	0.816	1	1	3	2052	3283	99	0
2011	9	0.794	1	1	3	5440	2	455	0
2005	9	0.779	1	2	3	2800	1540	33	0
2002	16	0.779	1	1	3	1079	2218	81	0
2005	15	0.779	1	2	2	60000	938	0	0
2005	19	0.743	1	1	1	11920	0	0	0
2015	21	0.728	1	1	3	1770	83	20	0
2011	11	0.721	1	5	7	280	200	30	0
2004	14	0.684	1	1	1	300	0	0	0
2006	1	0.676	1	1	1	0	0	2	0
2002	5	0.669	0	0	0	0	0	0	0
2004	7	0.669	0	0	0	0	0	0	0
2004	18	0.669	0	0	0	0	0	0	0
2004	21	0.669	0	0	0	0	0	0	0
2005	5	0.669	0	0	0	0	0	0	0
2006	4	0.669	0	0	0	0	0	0	0
2006	5	0.669	0	0	0	0	0	0	0
2008	7	0.669	0	0	0	0	0	0	0
2008	8	0.669	0	0	0	0	0	0	0
2008	13	0.669	0	0	0	0	0	0	0

续表

台风年份	台风编号	y4-y7	y1	y2	y3	y4	y5	y6	y7
			灾否	受灾县数	合计数	修正直接经济损失(万元)	修正农业受灾面积(公顷)	修正房屋倒塌(间)	修正死亡人口(人)
2008	15	0.669	0	0	0	0	0	0	0
2010	10	0.669	0	0	0	0	0	0	0
2010	13	0.669	0	0	0	0	0	0	0
2012	9	0.669	0	0	0	0	0	0	0
2013	12	0.669	0	0	0	0	0	0	0
2014	12	0.669	0	0	0	0	0	0	0
2014	16	0.669	0	0	0	0	0	0	0

全市综合灾情指数 y(y4-y7)随时间有微弱的上升趋势(绿色线),这说明灾情呈加重态势,但年际成灾(灾情指数≥0.7)的次数无大的时间变化。见图 6.3。

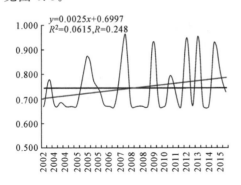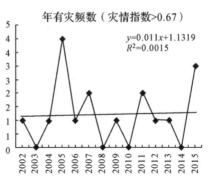

图 6.3 全市综合灾情指数

绍兴各区、市(县)灾情综合指数 y 均随时间呈一定的上升态势,柯桥区、上虞区、嵊州市、新昌县、诸暨市各地灾情综合指数与时间的趋势相关系数分别为 0.3533、0.2364、0.3636、0.5549、0.1661,但年际波动也较大。根据各地灾情综合指数大小发现,尽管绍兴地域不大,但各地有所差异,其中,柯桥区与上虞区灾情综合指数最大为 2013 年第 23 号("菲特")台风,其中上虞区直接经济损失、农田受灾、房屋倒塌均为第一,柯桥区直接经济损失与农田受灾均第一、房屋倒塌第二。嵊州市与新昌县是 2009 年第 8 号台风,嵊州市农田受灾第一、房屋倒塌第一、直接经济损失第三,新昌县农田受灾第一、房屋倒塌与直接经济损失第二。诸暨市为 2012 年第 11 号台风,直接经济损失第一、房屋倒塌第二、农田受灾第三。见图 6.4。

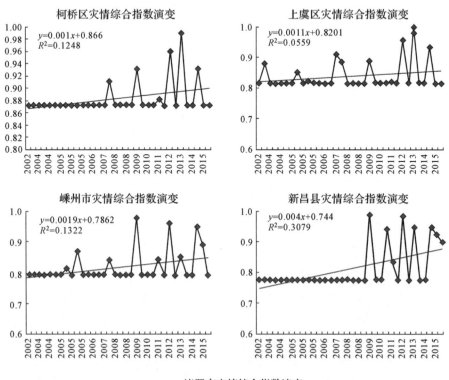

图 6.4　绍兴各市、区(县)灾情综合指数

③影响台风灾情的关键风雨因子筛选

台风的主要致灾因子是大风、暴雨和风暴潮等,其强度和影响范围是台风灾害产生的首要条件。本书选取的台风风雨因子包括过程总降水量、过

程面雨量、日最大降水量、过程极大风速、过程平均最大风速,还包括由上述风雨资料加工成的大于各级阈值站点数资料、上述各因子全市极大值资料(从绍兴各个气象站相关要素中挑选的最大值)、上述各因子全市平均值资料(由绍兴各个气象站相关要素计算平均值),应用相关分析法分别计算上述台风风雨因子与综合灾情指数 Y、直接经济损失、农田受灾、房屋倒损指数之间的相关系数。参与筛选的台风风雨因子总计 551 个。

表 6.6　过程面雨量与各项灾情指标相关分析

		灾否	受灾县数	受灾指标合计数	修正直接经济损失(万元)	修正农业受灾面积(公顷)	修正房屋倒塌	修正死亡人口
		y1	y2	y3	y4	y5	y6	y7
绍兴市过程面雨量	x1	0.5623	0.7135	0.7360	0.7042	0.7379	0.6262	0.6020
柯桥区过程面雨量	x2	0.4514	0.6815	0.7266	0.8005	0.7459	0.5209	0.7763
上虞区过程面雨量	x3	0.4529	0.6762	0.7264	0.7911	0.7100	0.4812	0.8188
嵊州市过程面雨量	x4	0.5983	0.6865	0.7022	0.5435	0.6772	0.7064	0.3179
新昌县过程面雨量	x5	0.5360	0.4758	0.4451	0.3441	0.4705	0.4685	0.2864
诸暨市过程面雨量	x6	0.5740	0.7711	0.7848	0.6860	0.7828	0.7968	0.3738
各地过程面雨量平均	x7	0.5624	0.7136	0.7361	0.7042	0.7378	0.6262	0.6020
各地过程面雨量 max	x8	0.5354	0.6292	0.6555	0.6800	0.6376	0.4936	0.6894

见表 6.6,过程面雨量与各项灾情指标相关分析:参与相关分析各地过程面雨量因子共 8 个,包括绍兴市、柯桥区、上虞区、嵊州市、新昌县、诸暨市的过程面雨量,过程面雨量地区平均,过程面雨量地区极大值。

(1)y1:绍兴市过程面雨量的相关系数 0.5623;各区、县(市)过程面雨量的相关系数在 0.4514～0.5983 之间,由大至小依次为嵊州市(0.5983)、诸暨市(0.5740)、新昌县(0.5360)、上虞区(0.4529)、柯桥区(0.4514);过程面雨量地区平均相关系数 0.5624;过程面雨量地区极大值相关系数 0.5354。

(2)y2:绍兴市过程面雨量的相关系数 0.7135;各区、县(市)过程面雨量的相关系数在 0.4758～0.7711 之间,由大至小依次为诸暨市(0.7711)、嵊州市(0.6865)、柯桥区(0.6815)上虞区(0.6762)、新昌县(0.4758);过程面雨量地区平均相关系数 0.7136;过程面雨量地区极大值相关系数 0.6292。

(3)y3:绍兴市过程面雨量的相关系数 0.7360;各区、县(市)过程面雨量的相关系数在 0.4451～0.7848 之间,由大至小依次为诸暨市(0.7848)、柯桥区(0.7266)、上虞区(0.7264)、嵊州市(0.7022)、新昌县(0.4451);过程面雨量地区平均相关系数0.7361;过程面雨量地区极大值相关系数0.6555。

(4)y4:绍兴市过程面雨量的相关系数0.7042;各区、县(市)过程面雨量的相关系数在0.3441~0.8005之间,由大至小依次为柯桥区(0.8005)、上虞区(0.7911)、诸暨市(0.6860)、嵊州市(0.5435)、新昌县(0.3441);过程面雨量地区平均相关系数0.7042;过程面雨量地区极大值相关系数0.6800。

(5)y5:绍兴市过程面雨量的相关系数0.7379;各区、县(市)过程面雨量的相关系数在0.4705~0.7828之间,由大至小依次为诸暨市(0.7828)、柯桥区(0.7459)、上虞区(0.7100)、嵊州市(0.6772)、新昌县(0.4705);过程面雨量地区平均相关系数0.7378;过程面雨量地区极大值相关系数0.6376。

(6)y6:绍兴市过程面雨量的相关系数0.6262;各区、县(市)过程面雨量的相关系数在0.4685~0.7968之间,由大至小依次为诸暨市(0.7968)、嵊州市(0.7064)、柯桥区(0.5209)、上虞区(0.4812)、新昌县(0.4685);过程面雨量地区平均相关系数0.6262;过程面雨量地区极大值相关系数0.4936。

(7)y7:绍兴市过程面雨量的相关系数0.6020;各区、县(市)过程面雨量的相关系数在0.2864~0.8188之间,由大至小依次为上虞区(0.8188)、柯桥区(0.7763)、诸暨市(0.3738)、嵊州市(0.3179)、新昌县(0.2864);过程面雨量地区平均相关系数0.6020;过程面雨量地区极大值相关系数0.6894。

各级过程面雨量出现站点数与灾情指标相关分析:参与相关分析的各级过程面雨量出现站数因子共236个,包括≥25,26,27,…,260mm各级出现站数。分析表明y1与过程面雨量≥64mm站数的相关系数0.7142,为最高;y2与过程面雨量≥74mm站数的相关系数0.7451,为最高;y3与过程面雨量≥112mm站数的相关系数0.7681,为最高;y4与过程面雨量≥116mm站数的相关系数0.7072,为最高;y5与过程面雨量≥116mm站数的相关系数0.8100,为最高;y6与过程面雨量≥179mm站数的相关系数0.7786,为最高;y7与过程面雨量≥253mm站数的相关系数1.0,为最高;详细分析结果如图6.5所示。

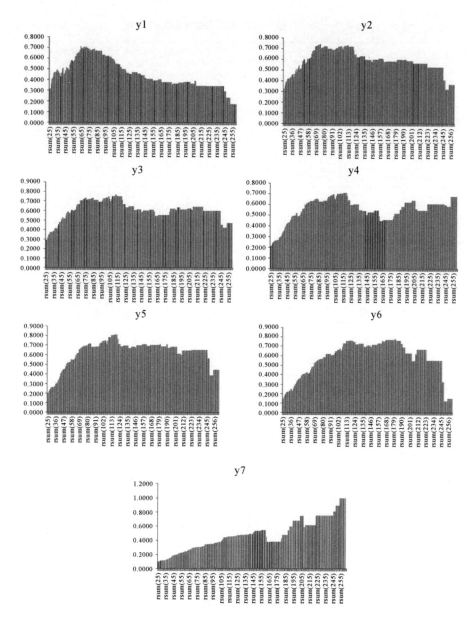

图 6.5 各级过程面雨量出现站点数与灾情指标相关柱状图

表 6.7　各级日最大降水量与灾情指标相关分析

		灾否	受灾县数	合计数	修正直接经济损失(万元)	修正农业受灾面积(公顷)	修正房屋倒塌(间)	修正死亡人口(人)
		y1	y2	y3	y4	y5	y6	y7
绍兴市日最大降水量	x24	0.4941	0.4422	0.4208	0.4764	0.3655	0.2909	0.4895
柯桥区日最大降水量	x25	0.4430	0.6358	0.6532	0.7121	0.6508	0.4740	0.6994
上虞区日最大降水量	x26	0.4265	0.5572	0.5679	0.6588	0.5455	0.3449	0.7188
嵊州市日最大降水量	x27	0.5835	0.3796	0.3058	0.2766	0.2933	0.2930	0.1611
新昌县日最大降水量	x28	0.4868	0.2931	0.2104	0.1446	0.1775	0.2292	0.0750
诸暨市日最大降水量	x29	0.5830	0.5693	0.4917	0.3690	0.5259	0.5918	0.1611
日最大降水量地区平均	x30	0.5966	0.5756	0.5285	0.5202	0.5141	0.4431	0.4543
日最大降水量地区极大值	x31	0.4941	0.4422	0.4208	0.4764	0.3655	0.2909	0.4895

如表 6.7,日最大降水量指标与各灾情指标相关分析:参与相关分析各地日最大降水量因子共 8 个,包括绍兴市、柯桥区、上虞区、嵊州市、新昌县、诸暨市的日最大降水量,日最大降水量地区平均,日最大降水量地区极大值。

(1)y1:绍兴市日最大降水量的相关系数 0.4941;各区、县(市)日最大降水量的相关系数在 0.4265～0.5835 之间,由大至小依次为嵊州市(0.5835)、诸暨市(0.583)、新昌县(0.4868)、柯桥区(0.4430)、上虞区(0.4265);日最大降水量地区平均相关系数 0.5966;日最大降水量地区极大值相关系数 0.4941。

(2)y2:绍兴市日最大降水量的相关系数 0.4422;各区、县(市)日最大降水量的相关系数在 0.2931～0.6358 之间,由大至小依次为柯桥区(0.6358)、诸暨市(0.5693)、上虞区(0.5572)、嵊州市(0.3796)、新昌县(0.2931);日最大降水量地区平均相关系数 0.5756;日最大降水量地区极大值相关系数 0.4422。

(3)y3:绍兴市日最大降水量的相关系数 0.4208;各区、县(市)日最大降水量的相关系数在 0.2104～0.6532 之间,由大至小依次为柯桥区(0.6532)、上虞区(0.5679)、诸暨市(0.4917)、嵊州市(0.3058)、新昌县(0.2104);日最大降水量地区平均相关系数 0.5285;日最大降水量地区极大值相关系数 0.4208。

(4)y4:绍兴市日最大降水量的相关系数 0.4764;各区、县(市)日最大降水量的相关系数在 0.1446～0.7121 之间,由大至小依次为柯桥区(0.7121)、上虞区(0.6588)、诸暨市(0.3690)嵊州市(0.2766)、新昌县(0.1446);日最大降水量地区平均相关系数 0.5202;日最大降水量地区极大值相关系数 0.4764。

(5)y5:绍兴市日最大降水量的相关系数 0.3655;各区、县(市)日最大降水量的相关系数在 0.1775～0.6508 之间,由大至小依次为柯桥区(0.6508)、上虞区(0.5455)、诸暨市(0.5259)、嵊州市(0.2933)、新昌县(0.1775);日最大降水量地区平均相关系数 0.5141;日最大降水量地区极大值相关系数 0.3655。

(6)y6:绍兴市日最大降水量的相关系数 0.2909;各区、县(市)日最大降水量的相关系数在 0.2292～0.5918 之间,由大至小依次为诸暨市(0.5918)、柯桥区(0.4740)、上虞区(0.3449)、嵊州市(0.2930)、新昌县(0.2292);日最大降水量地区平均相关系数 0.4431;日最大降水量地区极大值相关系数 0.2909。

(7)y7:绍兴市日最大降水量的相关系数 0.4895;各区、县(市)日最大降水量的相关系数在 0.0750～0.7188 之间,由大至小依次为上虞区(0.7188)、柯桥区(0.6994)、嵊州市(0.1611)、诸暨市(0.1611)、新昌县(0.0750);日最大降水量地区平均相关系数 0.4543;日最大降水量地区极大值相关系数 0.4895。

日最大降水量出现站点数与灾情指标相关分析:参与相关分析的各级日最大降水量出现站数因子共 236 个,包括≥25,26,27,…,260mm 各级出现站数。分析表明 y1 与日最大降水量≥59mm 站数的相关系数,0.7386 为最高;y2 与日最大降水量≥59mm 站数的相关系数 0.6988 为最高;y3 与日最大降水量≥59mm 站数的相关系数 0.6233 为最高;y4 与日最大降水量≥216mm 站数的相关系数 0.5927 为最高;y5 与日最大降水量≥65mm 站数的相关系数 0.5445 为最高;y6 与日最大降水量≥103mm 站数的相关系数 0.6231 为最高;y7 与日最大降水量≥227mm 站数的相关系数 0.8125 为最高。详细分析结果如图 6.6 所示。

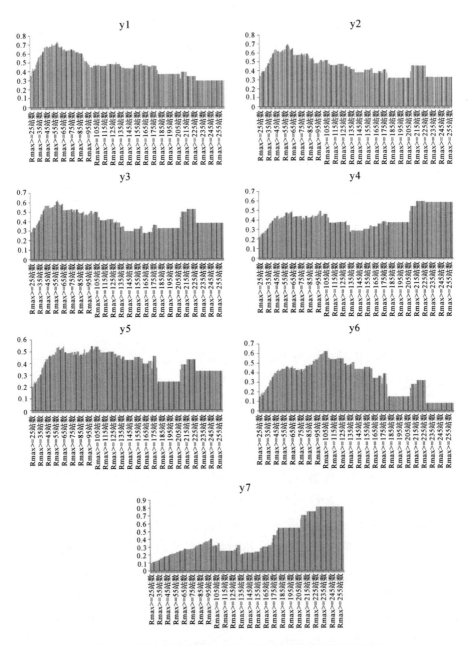

图 6.6 日最大降水量出现站点数与灾情指标相关柱状图

表 6.8 过程极大风速与灾情指标相关分析

		灾否	受灾县数	合计数	修正直接经济损失(万元)	修正农业受灾面积(公顷)	修正房屋倒塌(间)	修正死亡人口(人)
		y1	y2	y3	y4	y5	y6	y7
绍兴市过程极大风速	x47	0.3234	0.4789	0.4419	0.5243	0.4398	0.3306	0.0913
柯桥区过程极大风速	x48	0.3064	0.2831	0.1975	0.2608	0.1537	0.0148	0.1947
上虞区过程极大风速	x49	0.3938	0.5466	0.4818	0.5479	0.4662	0.4116	0.1486
嵊州市过程极大风速	x50	0.3303	0.4139	0.3708	0.4782	0.3949	0.2717	−0.0444
新昌县过程极大风速	x51	0.2188	0.2537	0.2158	0.2806	0.2246	0.0873	−0.1005
诸暨市过程极大风速	x52	0.3730	0.4197	0.3326	0.4104	0.3385	0.3105	−0.0145
过程极大风速地区平均	x53	0.3690	0.4403	0.3694	0.4567	0.3674	0.2620	0.0337
过程极大风速地区极大值	x54	0.3169	0.4719	0.4257	0.5208	0.4271	0.3176	0.0870

如表 6.8,参与相关分析各地过程极大风速因子共 8 个,包括绍兴市、柯桥区、上虞区、嵊州市、新昌县、诸暨市的过程极大风速,过程极大风速地区平均,过程极大风速地区极大值。

(1)y1:绍兴市过程极大风速的相关系数 0.3234;各区、县(市)过程极大风速的相关系数在 0.2188~0.3938 之间,由大至小依次为上虞区(0.3938)、诸暨市(0.3730)、嵊州市(0.3303)、柯桥区(0.3064)、新昌县(0.2188);过程极大风速地区平均相关系数 0.3690;过程极大风速地区极大值相关系数 0.3169。

(2)y2:绍兴市过程极大风速的相关系数 0.4789;各区、县(市)市过程极大风速的相关系数在 0.2537~0.5466 之间,由大至小依次为上虞区(0.5466)、诸暨市(0.4197)、嵊州市(0.4139)、柯桥区(0.2831)、新昌县(0.2537);过程极大风速地区平均相关系数 0.4403;过程极大风速地区极大值相关系数 0.4719。

(3)y3:绍兴市过程极大风速的相关系数 0.4419;各区、县(市)过程极大风速的相关系数在 0.1975~0.4818 之间,由大至小依次为上虞区(0.4818)、嵊州市(0.3708)、诸暨市(0.3326)、新昌县(0.2158)、柯桥区(0.1957);过程极大风速地区平均相关系数 0.3694;过程极大风速地区极大值相关系数 0.4257。

(4)y4:绍兴市过程极大风速的相关系数 0.5243;各区、县(市)过程极大风速的相关系数在 0.2608～0.5479 之间,由大至小依次为上虞区(0.5479)、嵊州市(0.4782)、诸暨市(0.4104)、新昌县(0.2806)、柯桥区(0.2608);过程极大风速地区平均相关系数 0.4567;过程极大风速地区极大值相关系数 0.5208。

(5)y5:绍兴市过程极大风速的相关系数 0.4398;各区、县(市)过程极大风速的相关系数在 0.1537～0.4662 之间,由大至小依次为上虞区(0.4662)、嵊州市(0.3949)、诸暨市(0.3385)、新昌县(0.2246)、柯桥区(0.1537);过程极大风速地区平均相关系数 0.3674;过程极大风速地区极大值相关系数 0.4271。

(6)y6:绍兴市过程极大风速的相关系数 0.3306;各区、县(市)过程极大风速的相关系数在 0.0148～0.4116 之间,由大至小依次为上虞区(0.4116)、诸暨市(0.3105)、嵊州市(0.2717)、新昌县(0.0873)、柯桥区(0.0148);过程极大风速地区平均相关系数 0.2620;过程极大风速地区极大值相关系数 0.3176。

(7)y7:绍兴市过程极大风速的相关系数 0.0913;各区、县(市)过程极大风速的相关系数在−0.0444～0.1947 之间;过程极大风速地区平均相关系数 0.0337;过程极大风速地区极大值相关系数 0.0870。

过程极大风速出现站点数与灾情指标相关分析:参与相关分析的各级过程极大风速出现站数因子共 26 个,包括过程极大风速≥8,9,10,…,33 m/s 各级出现站数。分析表明 y1 与过程极大风速≥21m/s 站数的相关系数 0.4045 为最高;y2 与过程极大风速≥19m/s 站数的相关系数 0.4805 为最高;y3 与过程极大风速≥19m/s 站数的相关系数 0.4064 为最高;y4 与过程极大风速≥19m/s 站数的相关系数 0.5076 为最高;y5 与过程极大风速≥19m/s 站数的相关系数 0.4644 为最高;y6 与过程极大风速≥14m/s 站数的相关系数 0.3403 为最高;y7 与过程极大风速≥14m/s 站数的相关系数 0.1231 为最高。详细分析结果如图 6.7 所示。

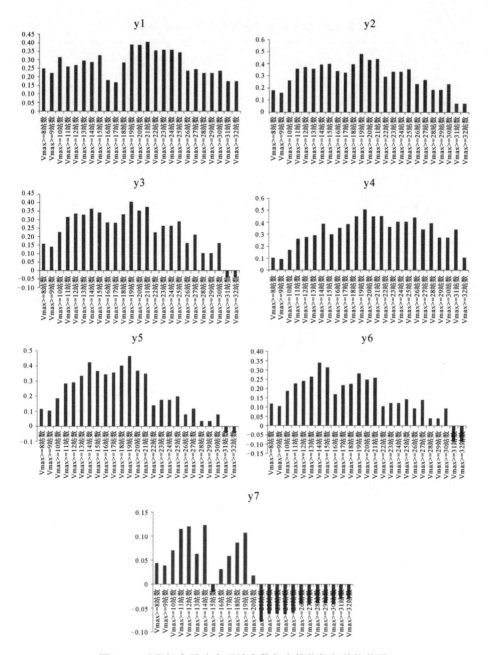

图 6.7　过程极大风速出现站点数与灾情指标相关柱状图

表 6.9 过程最大风速与灾情指标相关分析

		灾否	受灾县数	合计数	修正直接经济损失(万元)	修正农业受灾面积(公顷)	修正房屋倒塌(间)	修正死亡人口(人)
		y1	y2	y3	y4	y5	y6	y7
绍兴市过程最大风速	x80	0.3908	0.4715	0.4003	0.5046	0.4028	0.3471	0.0917
柯桥区过程最大风速	x81	0.2695	0.1601	0.0373	0.0594	0.0100	−0.0743	0.0201
上虞区过程最大风速	x82	0.3926	0.4718	0.4010	0.5175	0.4303	0.3787	0.1094
嵊州市过程最大风速	x83	0.3729	0.3873	0.3178	0.4298	0.3417	0.2393	−0.0414
新昌县过程最大风速	x84	0.2617	0.2897	0.2319	0.2808	0.2117	0.0980	−0.0929
诸暨市过程最大风速	x85	0.3897	0.3835	0.2555	0.3077	0.2536	0.2909	−0.0706
过程最大风速地区平均	x86	0.3979	0.4050	0.3011	0.3860	0.3051	0.2400	−0.0148
过程最大风速地区极大值	x87	0.3706	0.4461	0.3670	0.4781	0.3814	0.3275	0.0861

如表 6.9,参与相关分析各地过程最大风速因子共 8 个,包括绍兴市、柯桥区、上虞区、嵊州市、新昌县、诸暨市的过程最大风速,过程最大风速地区平均,过程最大风速地区最大值。

(1)y1:绍兴市过程最大风速的相关系数 0.3908;各区、县(市)过程最大风速的相关系数在 0.2617~0.3926 之间,由大至小依次为上虞区(0.3926)、诸暨市(0.3897)、嵊州市(0.3729)、柯桥区(0.2695)、新昌县(0.2617);过程最大风速地区平均相关系数 0.3979;过程最大风速地区极大值相关系数 0.3706。

(2)y2:绍兴市过程最大风速的相关系数 0.4715;各区、县(市)过程最大风速的相关系数在 0.1601~0.4718 之间,由大至小依次为上虞区(0.4718)、嵊州市(0.3873)、诸暨市(0.3835)、新昌县(0.2897)、柯桥区(0.1601);过程最大风速地区平均相关系数 0.4050;过程极大风速地区最大值相关系数 0.4461。

(3)y3:绍兴市过程最大风速的相关系数 0.4003;各区、县(市)过程最大风速的相关系数在 0.0373~0.4010 之间,由大至小依次为上虞区(0.4010)、嵊州市(0.3178)、诸暨市(0.2555)、新昌县(0.2319)、柯桥区(0.0373);过程最大风速地区平均相关系数 0.3011;过程最大风速地区极大值相关系数 0.3670。

(4)y4:绍兴市过程最大风速的相关系数 0.5046;各区、县(市)过程最大风速的相关系数在 0.0594~0.5175 之间,由大至小依次为上虞区

（0.5175）、嵊州市（0.4298）、诸暨市（0.3077）、新昌县（0.2808）、柯桥区（0.0594）；过程最大风速地区平均相关系数0.386；过程最大风速地区极大值相关系数0.4781。

（5）y5：绍兴市过程最大风速的相关系数0.4028；各区、县（市）过程最大风速的相关系数在0.0100～0.4303之间，由大至小依次为上虞区（0.4303）、嵊州市（0.3417）、诸暨市（0.2536）、新昌县（0.2117）、柯桥区（0.0100）；过程最大风速地区平均相关系数0.3051；过程最大风速地区极大值相关系数0.3814。

（6）y6：绍兴市过程最大风速的相关系数0.3471；各区、县（市）过程最大风速的相关系数在−0.0743～0.3787之间，由大至小依次为上虞区（0.3787）、诸暨市（0.2909）、嵊州市（0.2393）、新昌县（0.0980）、柯桥区（−0.0743）；过程最大风速地区平均相关系数0.24；过程最大风速地区极大值相关系数0.3275。

（7）y7：绍兴市过程最大风速的相关系数0.0917；各区、县（市）过程最大风速的相关系数在−0.0929～0.1094之间；过程最大风速地区平均相关系数−0.0148；过程最大风速地区极大值相关系数0.0861。

过程最大风速出现站点数与灾情指标相关分析：参与相关分析的各级过程最大风速出现站数因子共21个，包括过程最大风速≥5，6，7，…，25m/s各级出现站数。分析表明y1与过程最大风速≥13m/s站数的相关系数0.4313为最高；y2与过程极大风速≥13m/s站数的相关系数0.4988为最高；y3与过程最大风速≥13m/s站数的相关系数0.3957为最高；y4与过程最大风速≥12m/s站数的相关系数0.4928为最高；y5与过程极大风速≥11m/s站数的相关系数0.3935为最高；y6与过程极大风速≥13m/s站数的相关系数0.358为最高；y7与过程最大风速≥6m/s站数的相关系数0.0979为最高。详细分析结果如图6.8所示。

影响综合灾情指数的风雨因子：综合灾情指数y（y4−y7）与过程面雨量≥112mm站数年相关系数最大，达0.816，与诸暨市过程面雨量相关0.791，与修正过程面雨量地区平均相关0.749，与柯桥区日最大降水量相关0.625，与诸暨市日最大降水量相关0.61，与修正日最大降水量地区平均相关0.603，与修正日最大降水量≥59mm站数相关0.645，与上虞区V_{max}相关

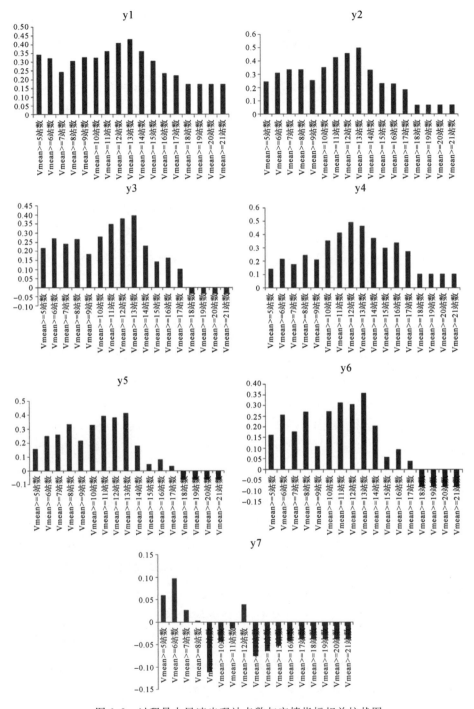

图 6.8 过程最大风速出现站点数与灾情指标相关柱状图

0.49、与绍兴市 V_{max} 相关 0.43,与地区 V_{max} 极值的相关为 0.421,与地区 V_{max} 均值的相关为 0.399,与 $V_{max} \geqslant 19\text{m/s}$ 站数相关为 0.427,与上虞区 V_{mean} 的相关为 0.446,与绍兴市 V_{mean} 的相关为 0.442,与 V_{mean} 地区极值的相关为 0.407,与 $V_{mean} \geqslant 13\text{m/s}$ 站数的相关为 0.481,其他详见表 6.10:

表 6.10　不同组合灾情指数与风雨关键因子之间的相关系数

	y(y1－y7)	y2－y7	y3－y7	y4－y7	y2、y4－y7	y2－y3	y4－y6
诸暨市过程面雨量(mm)	0.755	0.784	0.786	0.791	0.793	0.733	0.79
修正过程面雨量地区平均(mm)	0.723	0.747	0.748	0.749	0.753	0.703	0.745
绍兴市过程面雨量(mm)	0.723	0.747	0.748	0.749	0.753	0.703	0.745
过程面雨量≥80mm 站数	0.789	0.791	0.782	0.781	0.8	0.758	0.781
过程面雨量≥84mm 站数	0.795	0.802	0.8	0.797	0.808	0.764	0.797
过程面雨量≥103mm 站数	0.767	0.793	0.8	0.81	0.804	0.728	0.809
过程面雨量≥112mm 站数	0.747	0.786	0.8	0.816	0.798	0.708	0.814
柯桥区日最大降水量(mm)	0.603	0.632	0.633	0.625	0.632	0.605	0.619
诸暨市日最大降水量(mm)	0.626	0.615	0.605	0.610	0.625	0.586	0.611
修正日最大降水量地区平均(mm)	0.636	0.623	0.607	0.603	0.629	0.611	0.5996
修正日最大降水量 max≥59mm 站数	0.746	0.717	0.683	0.645	0.706	0.759	0.645
绍兴市 V_{max} (m/s)	0.415	0.428	0.409	0.43	0.451	0.403	0.431
上虞区 V_{max} (m/s)	0.483	0.493	0.469	0.49	0.517	0.468	0.49
地区 V_{max} 均值(m/s)	0.407	0.402	0.376	0.399	0.429	0.384	0.40
地区 V_{max} 极值(m/s)	0.404	0.416	0.395	0.421	0.443	0.387	0.422
$V_{max} \geqslant 19\text{m/s}$ 站数	0.435	0.431	0.405	0.427	0.458	0.412	0.428
绍兴市 V_{mean} (m/s)	0.442	0.441	0.419	0.442	0.468	0.415	0.443
上虞区 V_{mean} (m/s)	0.438	0.436	0.412	0.446	0.470	0.4	0.446
V_{mean} 地区极值(m/s)	0.408	0.403	0.378	0.407	0.434	0.377	0.407
$V_{mean} \geqslant 13\text{m/s}$ 站数	0.479	0.476	0.452	0.481	0.507	0.443	0.484

④绍兴地区台风灾情损失评估模型

对台风风雨致灾因子与人员伤亡、农田受灾、房屋倒损指数之间的相关分析表明,灾情指数与风速、降水量之间的相关系数多数均通过 95% 的显著性水平检验,其中农田受灾面积、直接经济损失与面雨量的强度有很高的正相关,房屋倒损与风速的大小有很高的正相关。其原因很容易理解。根据相关分析结果,运用逐步回归方法,建立绍兴灾情指标与各致灾因子之间损失评估模型。

6.4.2 全市损失评估模型

y_1:灾否

①$b_0 = 6.021363E - 02$，$b(27) = 0.1892752$，$q = 3.862759$，$u = 4.637242$，$r=0.7386189$，$sf=0.3474352$，$s=0.5$

x_{27}:修正日最大降水量 max≥59 站数

②$b_0 = 0.3379337$，$b(9) = 7.711244E-02$，$b(26) = -0.3567042$，$b(27) = 0.7914897$，$b(29) = -0.3157192$，$b(37) = -5.371848E-02$，$b(47) = 5.484983E-02$

$q=2.528146$，$u=5.971854$，$r=0.8381951$，$sf=0.3059984$，$s=0.5$

x_9:过程面雨量≥75 站数

x_{26}:修正日最大降水量 max≥58 站数

x_{27}:修正日最大降水量 max≥59 站数

x_{29}:修正日最大降水量 max≥65 站数

x_{37}:新昌县 Vmax

x_{47}:嵊州市过程最大风速

y_2:受灾县数

①$b_0 = 0.7965764$，$b(5) = -0.0215672$，$b(9) = 0.3984928$，$b(10) = 0.8309467$，$b(27)=0.4435362$

$q = 21.66313$，$u = 84.95451$，$r = 0.8926448$，$sf = 0.8642942$，$s = 1.770823$

x_5:新昌县过程面雨量

x_9:过程面雨量≥75 站数

x_{10}:过程面雨量≥112 站数

x_{27}:修正日最大降水量 max≥59 站数

②$b_0 = -0.4662717$，$b(6) = 2.910789E-02$

$q=43.22093$，$u=63.39672$，$r=0.7711145$，$sf=1.162176$，$s=1.770823$

x_6:诸暨市过程面雨量

y_3:全市 4 项受灾指标合计数

$b_0 = -0.7897163$，$b(6) = 0.1240691$，$b(19) = -9.326809E-02$，$b(27)$

＝0.9369435

　　q＝171.5404,u＝613.4302,r＝0.8840073,sf＝2.391237,s＝4.804932

　　x_6:诸暨市过程面雨量

　　x_{19}:诸暨市日最大降水量

　　x_{27}:修正日最大降水量 max≥59 站数

　　y_4:修正直接经济损失(万)

　　b_0＝－77262.46,b(5)＝－985.5814,b(7)＝1610.515,b(36)＝4564.634

　　q＝9.917312E＋09,u＝1.076781E＋11,r＝0.9569043,sf＝18181.78,
s＝58810.61

　　x_5:新昌县过程面雨量

　　x_7:修正过程面雨量地区平均

　　x_{36}:嵊州市 V_{max}

　　y_5:修正农业受灾面积(公顷)

　　b_0＝3463.407,b(11)＝15590.33,b(13)＝－8366.531,b(18)＝
－51.04693

　　q＝7.344273E＋08,u＝4.217267E＋09,r＝0.922866,sf＝4947.819,
s＝12068.06

　　x_{11}:过程面雨量≥116 站数

　　x_{13}:过程面雨量≥130 站数

　　x_{18}:新昌县日最大降水量

　　y_6:修正房屋倒塌

　　b_0＝39.66911,b(6)＝5.803725,b(8)＝－3.172608,b(11)＝157.2349

　　q＝822842.6,u＝3181137,r＝0.8913438,sf＝165.6143,s＝343.1677

　　x_6:诸暨市过程面雨量

　　x_8:修正过程面雨量地区 max

　　x_{11}:过程面雨量≥116 站数

　　y_7:修正死亡人口

　　b_0＝－0.2948005,b(3)＝1.206438E－02,b(6)＝－5.349517E－03,b
(9)＝－0.1497431

　　q＝1.693119,u＝13.83629,r＝0.9439139,sf＝0.2375654,s＝

0.6758309

x_3:上虞区过程面雨量

x_6:诸暨市过程面雨量

x_9:过程面雨量≥ 75站数

柯桥区台风灾情评估模型

y_1:直接经济损失(万元)

$b_0 = -6559.746, b(1) = 130.6433$

$q = 1.009933E+09, u = 3.073359E+09, r = 0.8675638, sf = 5617.866,$
$s = 10958.87$

x_1:柯桥区过程面雨量

y_2:农业受灾面积(公顷)

$b_0 = -610.3578, b(1) = 13.13625$

$q = 1.653894E+07, u = 3.107288E+07, r = 0.8078549, sf = 718.9172,$
$s = 1183.363$

x_1:柯桥区过程面雨量

y_3:房屋倒塌

$b_0 = -6.475308, b(1) = 0.1674106$

$q = 8533.214, u = 5046.669, r = 0.6096133, sf = 16.32982, s = 19.9852$

x_1:柯桥区过程面雨量

y_4:灾否

$b_0 = -8.255581E-02, b(1) = 3.459655E-03$

$q = 2.785892, u = 2.155284, r = 0.6604456, sf = 0.2950578, s = 0.3812201$

x_1:柯桥区过程面雨量

y_5:受灾指标合计

$b_0 = -0.2878907, b(1) = 8.952028E-03$

$q = 13.5989, u = 14.43051, r = 0.7175198, sf = 0.651894, s = 0.9079618$

x_1:柯桥区过程面雨量

上虞区台风灾情评估模型

y_1:直接经济损失(万元)

$b_0 = -18609.55, b(1) = 325.7968$

$q = 9.040582E+09, u = 2.260473E+10, r = 0.8451718, sf = 16808.28, s = 30508.11$

x_1:上虞区过程面雨量

y_2:农业受灾面积(公顷)

$b_0 = -2454.708, b(1) = 51.67224$

$q = 2.796136E+08, u = 5.686176E+08, r = 0.8187533, sf = 2955.998, s = 4994.795$

x_1:上虞区过程面雨量

y_3:房屋倒塌

$b_0 = -27.07356, b(1) = 0.6090762$

$q = 32107.06, u = 79004, r = 0.8432297, sf = 31.67563, s = 57.16619$

x_1:上虞区过程面雨量

y_4:灾否

$b_0 = -0.652024, b(1) = 2.878649E-03, b(3) = 4.219559E-02$

$q = 2.960673, u = 4.098151, r = 0.7619523, sf = 0.3090398, s = 0.4556451$

x_1:上虞区过程面雨量

x_3:上虞区 V_{max}

y_5:受灾指标合计

$b_0 = -1.308513, b(1) = 8.550474E-03, b(3) = 7.808901E-02$

$q = 21.35164, u = 25.70719, r = 0.7391061, sf = 0.8299171, s = 1.176471$

x_1:上虞区过程面雨量

x_3:上虞区 V_{max}

y_6:死亡人口

$b_0 = -0.4538202, b(1) = 6.992186E-03,$

$q=5.117472$，$u=10.41194$，$r=0.8188198$，$sf=0.3999012$，$s=0.6758309$

x_1：上虞区过程面雨量

嵊州市台风灾情评估模型

y_1：直接经济损失（万元）

$b_0=-33630.45$，$b(1)=144.8982$，$b(2)=-142.6618$，$b(3)=2521.357$

$q=2.804919E+09$，$u=6.14345E+09$，$r=0.8285796$，$sf=9669.401$，$s=16223.05$

x_1：嵊州市过程面雨量

x_2：嵊州市日最大降水量

x_3：嵊州市 V_{max}

y_2：农业受灾面积（公顷）

$b_0=-2888.315$，$b(1)=37.36458$，$b(2)=-36.31102$，$b(3)=225.0998$

$q=7.546918E+07$，$u=9.614838E+07$，$r=0.7484971$，$sf=1586.077$，$s=2246.681$

x_1：嵊州市过程面雨量

x_2：嵊州市日最大降水量

x_3：嵊州市 V_{max}

y_3：房屋倒塌

$b_0=-47.59746$，$b(1)=2.670241$，$b(2)=-1.473845$

$q=502648.3$，$u=357167.9$，$r=0.6445155$，$sf=127.336$，$s=159.0243$

x_1：嵊州市过程面雨量

x_2：嵊州市日最大降水量

y_4：灾否

$b_0=-0.4588009$，$b(1)=4.681857E-03$，$b(3)=0.0255788$

$q=3.343762$，$u=3.273886$，$r=0.7033637$，$sf=0.3284254$，$s=0.4411765$

x_1：嵊州市过程面雨量

x_3：嵊州市 V_{max}

y_5:受灾指标合计

$b_0 = -1.008591, b(1) = 1.863521E - 02, b(2) = -1.433352E - 02,$
$b(3) = 8.287675E - 02$

$q = 22.46316, u = 21.56625, r = 0.6998676, sf = 0.8653161,$
$s = 1.137973$

x_1:嵊州市过程面雨量

x_2:嵊州市日最大降水量

x_3:嵊州市 V_{max}

新昌县台风灾情评估模型

y_1:直接经济损失(万元)

$b_0 = -8783.272, b(1) = 54.76748, b(2) = -62.05932, b(3) = 874.3786$

$q = 1.753434E + 09, u = 4.739833E + 08, r = 0.4612971, sf = 7645.117,$
$s = 8093.966$

x_1:新昌县过程面雨量

x_2:新昌县日最大降水量

x_3:新昌县 V_{max}

y_2:农业受灾面积(公顷)

$b_0 = -151.3005, b(1) = 13.7515, b(2) = -7.28338$

$q = 3.983667E + 07, u = 1.037824E + 07, r = 0.4546168, sf = 1133.602,$
$s = 1215.282$

x_1:新昌县过程面雨量

x_2:新昌县日最大降水量

y_3:房屋倒塌

$b_0 = 21.84663, b(1) = 0.4189538, b(2) = -0.2840088$

$q = 269010.6, u = 8295.844, r = 0.1729617, sf = 93.1545, s = 90.31098$

x_1:新昌县过程面雨量

x_2:新昌县日最大降水量

y_4:灾否

$b_0 = 0.1590611, b(1) = 4.263182E - 03, b(2) = -3.217453E - 03$

$q = 5.25689, u = 0.8607574, r = 0.3751009, sf = 0.4117974, s = 0.4241825$

x_1:新昌县过程面雨量

x_2:新昌县日最大降水量

y_5:受灾指标合计

$b_0 = 0.361849, b(1) = 1.406275E-02, b(2) = -1.027299E-02$

$q = 40.46361, u = 9.301098, r = 0.432321, sf = 1.142488, s = 1.209822$

x_1:新昌县过程面雨量

x_2:新昌县日最大降水量

诸暨市台风灾情评估模型

y_1:直接经济损失(万元)

$b_0 = -5797.335, b(1) = 194.2009, b(2) = -225.704, b(4) = 1189.177$

$q = 1.640767E+09, u = 1.040553E+09, r = 0.6229565, sf = 7395.421, s = 8880.448$

x_1:诸暨市过程面雨量

x_2:诸暨市日最大降水量

x_4:诸暨市过程最大风速

y_2:农业受灾面积(公顷)

$b_0 = 291.84, b(1) = 48.37981, b(2) = -35.68596$

$q = 1.437989E+08, u = 5.471837E+07, r = 0.5250099, sf = 2153.758, s = 2416.349$

x_1:诸暨市过程面雨量

x_2:诸暨市日最大降水量

y_3:房屋倒塌

$b_0 = -18.35705, b(1) = 1.474227, b(2) = -1.722465, b(4) = 7.626858$

$q = 327753.6, u = 54720.91, r = 0.3782469, sf = 104.5233, s = 106.0625$

x_1:诸暨市过程面雨量

x_2:诸暨市日最大降水量

x_4:诸暨市过程最大风速

y_4:灾否

$b_0 = -1.768485E-02, b(1) = 5.243229E-03$

$q = 5.001782, u = 2.057042, r = 0.539828, sf = 0.3953551, s = 0.4556451$

x_1:诸暨市过程面雨量

y_5:受灾指标合计

$b_0 = -0.1174212, b(1) = 2.642322E-02, b(2) = -1.311946E-02$

$q = 20.85048, u = 22.91422, r = 0.7235867, sf = 0.8201196, s = 1.134547$

x_1:诸暨市过程面雨量

x_2:诸暨市日最大降水量

第七章　绍兴市台风灾害风险区划与评价

7.1　绍兴市台风灾害风险区划内容

绍兴市台风灾害风险区划内容主要包括以下几个方面：

(1)致灾因子的危险性

危险性评估主要是分析台风的主要致灾因子台风大风、暴雨与受灾人口、经济损失的关系。

(2)承灾体的脆弱性

致灾因子影响频繁、风雨危险性较高的地方不一定会有灾害的发生，这还与承灾体的抗灾能力和承受能力有关。承灾体的脆弱性是指可能受到台风暴雨、大风、风暴潮威胁的所有人口、经济、农作物以及房屋等应对台风带来的风险的能力。若某个地区暴露于台风暴雨、台风大风的脆弱人口越密集，其可能受到的灾害损失也就越严重，也就是说该地区的脆弱性也就越大。

(3)孕灾环境的敏感性

孕灾环境主要是指受台风致灾因子影响的地区，其水文状况、地形起伏、植被覆盖率等是否有利或者不利于灾害的产生。研究区域的流域及各个水系的分布、与其他地区地形地貌上的差异以及大面积的植被覆盖的主要类型都会从一定程度上影响灾害的发生发展。由于资料的限制和考虑到孕灾环境与灾害间相互作用的复杂性，本书暂不分析研究不同的孕灾环境对绍兴市台风灾害风险的可能影响。

7.2　绍兴市台风灾害风险区划技术流程

本章基于绍兴台风灾害、致灾风雨以及社会人口的详实资料,对影响绍兴的台风致灾因子、人口脆弱性进行分析,得到致灾因子强度指数、人口脆弱性指数。对致灾因子强度指数和承灾体脆弱性指数进行标准化处理,研究建立在致灾因子强度指数和承灾体脆弱性指数基础上的灾害综合风险指数。另外,基于海拔高度和地形起伏、江河水网密度、山洪和地质灾害危险度,分析讨论了绍兴孕灾环境敏感性,并将其作为风险区划的参考。最终由各县台风灾害综合风险指数得到绍兴市台风灾害风险区划结果。

绍兴市台风灾害风险区划技术流程可详见图7.1。

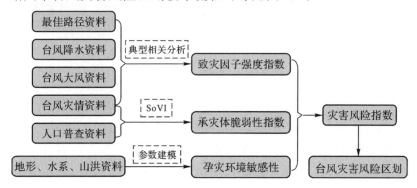

图 7.1　绍兴市台风灾害风险区划技术流程

7.3　绍兴市台风灾害风险分析资料、方法

7.3.1　资料简介

(1)台风、降水、大风资料

①本书所用台风资料为中国气象局上海台风研究所1960—2014年热带气旋最佳路径数据集,包括每个台风生成及行进过程中以6小时为间隔所测得的经纬度和中心风速。

②本书所采用的降水资料为国家气象信息中心提供的1960—2013年全国2479个台站逐日降水资料。

③经统计发现,在1980年前后,全国大风站点急剧增加,为保证资料的

连续性,本书的大风资料为国家气象信息中心提供的全国 2419 个台站 1980—2014 年逐日最大风速资料,最大风速为当日最大 10 分钟平均风速。

(2)灾情及社会资料

①国家气候中心提供的分辨率为省级的 1984—2012 年全国台风灾害 资料,包括受灾人口、死亡人口、受灾面积、房屋倒塌数以及直接经济损失。 本书简称该灾害资料为"省级灾情"。

②国家气候中心提供的分辨率为县级的 2004—2012 年浙江省针对各 影响台风个例的灾害详实资料、2004—2013 年沿海省份台风灾害资料(包括 广东、广西、福建、海南、上海、江苏、安徽、江西、湖南、云南、山东、辽宁、黑龙 江以及河北);共 14 个省 1 个自治区。本书简称该灾害资料为"县级灾情"。

③浙江省人口资料为中华人民共和国国家统计局 2010 年第六次人口 普查结果,包括人口密度、住房、就业等,另参考浙江省统计局网站公布的浙 江省统计年鉴。

④基础地理数据来自国家基础地理信息系统。

7.3.2 方法简介

采用典型相关分析、标准化的方法研究风、雨和灾损之间的关系。做统 计工作时用到的方法还有相关系数及相关系数检验、线性趋势及回归系数 检验等。

本书所使用的标准化方法为:z-score 标准化。这种方法基于原始数据 的均值以及数据的标准差,然后对数据进行标准化。z-score 标准化方法适 用于最大值和最小值未知的情况,或者有一些离群数据超出取值范围的情 况,得到的新数据=(原数据-均值)/标准差。

7.4 绍兴市台风灾害风险分区评价

7.4.1 2004—2012 年绍兴市台风灾情特征

由于此处使用的是 2004—2012 年绍兴各县的台风灾情资料,因此分析 该时段累积灾情分布状况(见图 7.2),发现绍兴各县因台风灾害造成的累计

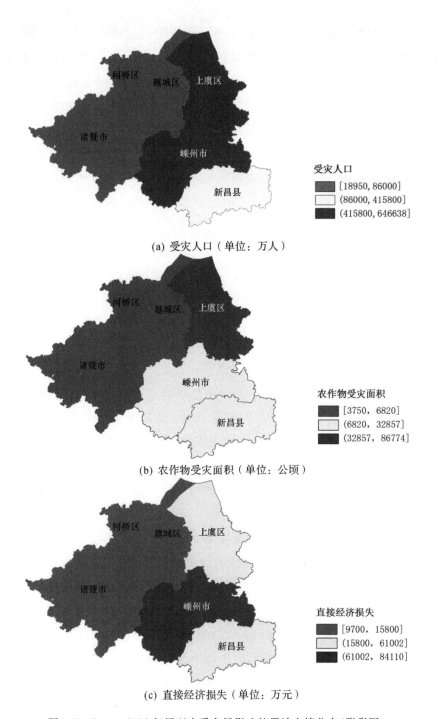

(a) 受灾人口（单位：万人）

受灾人口
[18950，86000]
(86000，415800]
(415800，646638]

农作物受灾面积
[3750，6820]
(6820，32857]
(32857，86774]

(b) 农作物受灾面积（单位：公顷）

直接经济损失
[9700，15800]
(15800，61002]
(61002，84110]

(c) 直接经济损失（单位：万元）

图 7.2　2004—2012 年绍兴市受台风影响的累计灾情分布（附彩图）

受灾人口、农作物受灾面积以及直接经济损失的大值中心主要为上虞区、嵊州市以及新昌县。而对于绍兴西部靠内陆的地区而言,各项损失项都远低于绍兴东南部地区。另外,通过观察农作物受灾面积可以发现,受灾面积与绍兴地形也有一定的关系,受灾较为严重的多集中在农业面积较广的平原地区。各县受灾程度可能与其面临的台风侵袭频数、强度以及各县的脆弱性有关,不能以一个标准来划定绝对的风险标准,因此应针对各县开展研究,分析绍兴各县的台风暴雨、台风大风的风险,从而为得到台风致灾因子的综合强度提供背景参考。

7.4.2 绍兴市台风致灾因子危险性分析

本书基于站点考虑台风致灾因子危险性,由于站点较为稀疏,若仅关注绍兴地区,则无法较好反映危险性分布状况。因此,本书在此段分析浙江省台风致灾因子危险性分布状况,从而在整体上讨论绍兴市的致灾因子危险性。

(1)台风暴雨危险性

浙江省日降水量50mm以上的台风暴雨频次占比自东南沿海岸线地区向内递减,在与福建交界地区占比超过40%。当降水量级达到100mm以上时,浙江省占比分布状况与50mm以上类似,但总体占比增大,占比普遍为40%～80%,其东南角部分地区占比甚至达到90%。因此,从历史灾情资料来看,浙江东南沿海岸线区县受台风暴雨影响最为频繁;且当降水量级增加到大暴雨时,台风降水的贡献明显增加。

台风降水的危害主要表现为集中性的降水,因此统计了各站点的平均台风降水持续天数(图7.3),发现在浙江的内陆地区,台风降水持续天数均较少;台风持续降水集中在浙江东南地区,其中绍兴总体台风持续降水天数为2天以上,上虞、新昌、以及嵊州发生台风灾害的风险较大。考虑到各县出现台风暴雨的可能性,从图7.4可以发现,在1960—2014年间,浙江省东南沿海岸线地区受台风暴雨影响的年概率较大。当降水量级增大到100mm大暴雨时,年概率普遍减小,但概率分布与暴雨情况较为一致。而在浙江西部、中部地区,相较于台风暴雨发生概率而言,台风大暴雨的发生概率迅速下降,且范围增大。其中,诸暨市发生台风暴雨、大暴雨的概率均较小,上虞区、新昌县以及嵊州市受台风暴雨危险性影响较大。

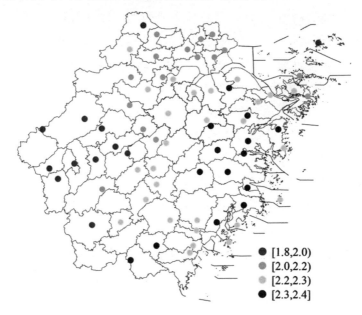

图 7.3　1960—2013 年各站点的平均台风降水持续天数（附彩图）

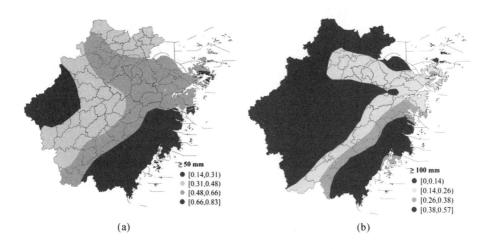

图 7.4　1960—2014 年浙江省有无台风暴雨年概率分布（附彩图）

（2）台风大风危险性

统计了浙江各站点 6 级以上台风大风的平均持续天数（见图 7.5），发现在浙江的中西部地区，台风大风持续天数较短，台风大风主要持续集中在温州、台州和宁波的近海岸线部分，并在海上岛屿站点持续时间最长。其中，绍兴全市的台风大风持续天数在 2 天以下。

另外，由于台风大风的危害主要表现为强风的极大破坏力，因此统计了各站有无 6 级以上和 12 级以上台风大风的年概率（见图 7.6）。这里所说的概率是指 1980—2014 年有无台风大风的年概率，即年出现概率。6 级以上台风大风主要出现在浙江省的沿海岸线地区，内陆特别是山区台风大风出现概率较低，当风速上升至 8 级时，浙江沿海岸线地区出现台风极端大风的概率降低，但仍远高于内陆地区；当风速上升到 10 级、12 级以上时，内陆几乎没有出现台风大风的可能性。从总体的分布情况来看，台风大风风险较高的地区与台风降水一致。特别是在浙江沿海岸线地区，遭受台风暴雨、台风极端大风的可能性远高于内陆地区。其中，绍兴全市出现 10 级以上台风大风的概率几乎为 0；上虞区、嵊州市、新昌县出现 6 级以上台风大风的概率高于绍兴其他地区。

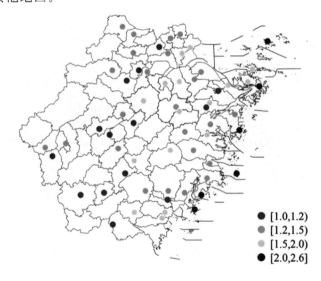

图 7.5　1980—2014 年浙江省各站点的平均台风大风持续天数（附彩图）

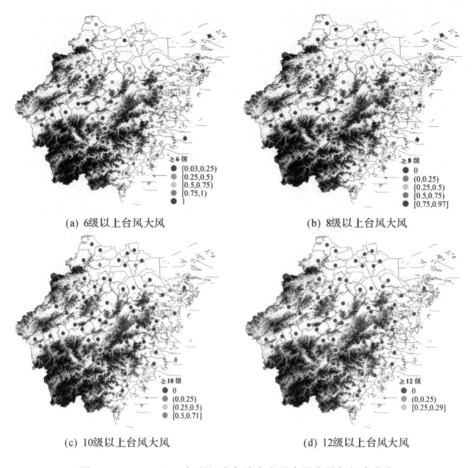

(a) 6级以上台风大风　　　　　　　　(b) 8级以上台风大风

(c) 10级以上台风大风　　　　　　　(d) 12级以上台风大风

图 7.6　1980—2014 年浙江省各站点有无台风大风年概率分布

7.4.3　绍兴市台风致灾因子强度指数

　　台风致灾因子主要为台风暴雨、台风大风和风暴潮。目前,国内很多研究主要关注的还是这三个致灾因子各自的影响作用及其阈值分级,但是单个影响因子的等级和强度不能全面地代表和描述台风所有的致灾因子的影响能力,也就不能进行综合风雨强度评价,因此本书采用了典型相关分析和标准化的方法,建立了一个基于台风降水和大风的台风致灾因子强度指数,这一指数的建立可以综合考虑到台风暴雨和台风大风的作用,能够基本代表台风致灾因子的影响能力及强度。

　　首先,以县为单位,选取 2004—2012 年绍兴所有产生受灾人口的台风个例。由于台风降水的危害主要表现为集中性的降水、台风大风的危害主要体现在强风的极大破坏力,因此摘录各县相应气象站点的台风过程降水量和过程日最大风速资料来描述台风致灾因子,之后进行典型相关分析,根据典型变量系数的大小确定在导致人口受灾时,台风降水和大风的影响力。然后,以县为单位,选取 2004—2012 年绍兴所有导致直接经济损失的台风个例,同样摘录各县相应站点的过程降水量和过程日最大风速资料,进行典型相关分析,根据典型变量系数的大小确定在导致财产损失时,台风降水和大风的影响力。计算结果如表 7.1 所示,将降水、大风的典型变量系数分别进行平均,得到致灾因子强度指数中台风降水和台风大风的权重系数。因此,降水的权重系数为 0.54,大风的权重系数为 0.45。台风降水对灾情的影响总体上大于台风大风的影响。

表 7.1　台风灾害、风雨典型相关分析结果

致灾形式	典型相关系数	典型变量系数	
		降水	大风
受灾人口	0.56	0.61	0.37
直接经济损失	0.40	0.46	0.53

最后根据以上权重系数,建立台风致灾因子强度指数:

$$I = Ax + By$$

其中 I 为台风致灾因子综合强度指数,x 为标准化的台风过程降水量,y 为标准化的台风过程最大风速。A 和 B 分别为台风降水和台风大风的权重系数。

利用上式,计算 2004—2012 年历史影响绍兴的台风对应各站致灾因子强度指数,最终可得到各县平均致灾因子强度指数,如图 7.7。若指数越高,则该地区受台风风雨的影响就越明显,风险就越大。因此,从平均致灾因子强度指数的分布可以明显地看到 2 个高值中心,分别为上虞区和嵊州市,其受台风风雨影响显著。这与危险性分析结果吻合。对比 2004—2012 年绍兴台风灾情分布状况,发现该指数能较好地反映绍兴的台风灾害分布,为防台减灾提供了一定的标准。

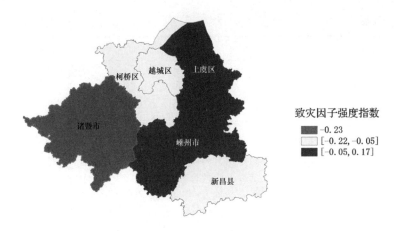

图 7.7　绍兴市各区(市、县)致灾因子强度指数(附彩图)

7.4.4　绍兴市人口脆弱性指数

自然灾害是一种社会建构,人类及其社会系统的某些属性是影响灾害损失大小的根本原因。陈文方等以为美国灾害社会脆弱性评估设计的SoVI 为参考,设计了一套适合中国社会经济背景的灾害社会脆弱性指标体系;本书采用该指标体系使用的方法,对绍兴的脆弱性进行评估,探索社会脆弱性在研究区域的空间分布状况,分析造成绍兴高脆弱性的社会、经济因素,从而为降低社会脆弱性及灾害风险提供一定的依据。

本书采用中华人民共和国国家统计局 2010 年第六次人口普查资料,提取绍兴的人口信息,选取其中可能影响其社会脆弱性的 29 个指标,如表7.2。根据这些指标来开展脆弱性研究。

表 7.2　选取的 29 个指标名称

编号	指标名称
1	城镇居民人均可支配收入(元)
2	女性比例
3	少数民族人口比重(%)
4	年龄中值
5	失业率[失业人口/(失业人口＋职业总人口)]
6	人口密度
7	城镇人口比例(%)
8	非农业户口人口比重(%)

续表

编号	指标名称
9	租赁户数
10	第一产业＋采矿业从业人员比例(%)
11	第二产业－采矿业从业人员比例(%)
12	第三产业从业人员比例(%)
13	户规模(人/户)
14	大学本科及以上受教育程度人口比例(25 岁以上)
15	高中及以上受教育程度人口比例(20 岁以上)
16	文盲人口比例(15 岁以上)
17	人口增长率(2000—2010 年)
18	平均每户住房间数(间/户)
19	人均住房建筑面积(m²/人)
20	住房内无管道自来水
21	住房内无厨房
22	住房内无厕所
23	住房内无洗澡设施
24	每千人常住人口拥有卫生机构床位数(张/1000 人)
25	每千人常住人口拥有医疗技术人员数(人/1000 人)
26	5 岁以下人口比例
27	65 岁以上老年人口比例
28	人口抚养比(%)
29	低保人口比例(%)

对以上 29 个指标进行主要因子分析,经过 Kaiser 标准化的正交旋转之后,得到 7 个特征值大于 1 的主成分(见图 7.8)。根据所得旋转成分矩阵中各主成分解释的主要因子,将 7 个主成分归类,归类结果如表 7.3。其中第一个主要因子解释的总方差为 30.1%,主要包括各行业人员情况、城镇居民收入、低保户籍人口比例以及人口密度等。这一主要因子反映了人口的收入情况以及就业情况,若收入越高、财产越多,则脆弱性越高。因此,该因素起正作用,符号为正。第二个主要因子解释的总方差为 15.6%,主要包括高中及以上学历比例、大学及以上学历比例、非农业户口人口比重等。这一主要因子反映了人口的受教育程度,若受教育程度越高,其防灾减灾意识越强,则脆弱性越低。因此,该因素起反作用,符号为负。第三个主要因子解释的总方差为 8.7%,主要反映了破旧房屋的数量,若破旧房屋数越多,则脆

弱性越高。因此,该因素起正作用,符号为正。第四个主要因子解释的总方
差为8.4%,主要包括人口抚养比、15岁以上文盲比重、5岁以下人口比例
等。这一主要因子反映了文盲与幼年人口数,若文盲、幼年人口越多,则脆
弱性越高。因此,该因素起正作用,符号为正。第五个主要因子解释的总方
差为7.7%,这一主要因子反映了房屋大小与女性比例。该因素起正作用,
符号为正。第六个主要因子解释的总方差为6.1%,这一主要因子反映了少
数民族人口数。该因素起正作用,符号为正。第七个主要因子解释的总方
差为5.3%,这一主要因子反映了失业率和住房面积。该因素起正作用,符
号为正。至此,这7个主要因子解释的总方差累计达81.9%,能较好地代表
绍兴人口脆弱性。

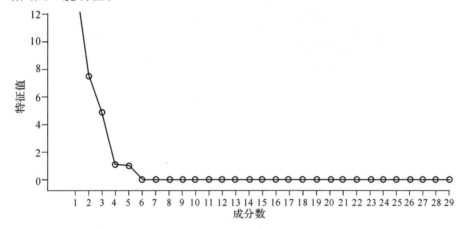

图7.8　29个指标主成分分析的特征值分布

表7.3　主成分分析后提取的7个主成分

主成分	解释因子个数	名称	(符号)
1	14	收入	(＋)
2	6	教育程度	(－)
3	3	破旧房屋数量	(＋)
4	4	文盲与幼年人口	(＋)
5	4	房屋大小和女性比例	(＋)
6	2	少数民族	(＋)
7	2	失业率	(＋)

经过以上分析,最终确定绍兴脆弱性指数 SoVI＝因子 1－因子 2＋因子 3＋因子 4＋因子 5＋因子 6＋因子 7。计算绍兴各县的人口脆弱性指数大小,得到了绍兴市脆弱性指数分布图(见图 7.9)。从图中可以看出,脆弱性较高的地区为诸暨、新昌。对比绍兴高程图来看(见图 7.10),发现脆弱性较高的地区经济较为落后、山地较多,易发生地质灾害,而市区等地区脆弱性较小,虽然人口较多,但由于防灾减灾意识较强、房屋质量较高等因素,总体脆弱性较低。

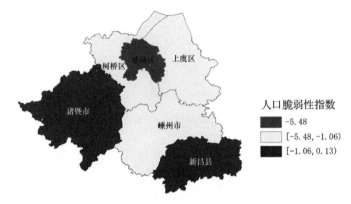

图 7.9　绍兴市各区(市、县)人口脆弱性指数分布(附彩图)

7.4.5　绍兴市台风灾害综合风险指数及区划

为了更加直观且较全面地反映出绍兴台风灾害风险分布,并给出具体的县级分辨率区划结果,综合绍兴市台风灾害致灾因子强度指数以及承灾体脆弱性指数,计算台风灾害综合风险指数。根据该指数的大小进行风险区划,分析其高风险区。最后与实际灾情进行对比,解释其合理性和适用性,从而为绍兴市的防台减灾提供一定的区划帮助。

前文分析了绍兴台风致灾因子(暴雨、大风)的致灾机理、致灾因子强度指数以及绍兴的人口脆弱性,从一定程度上反映了绍兴的受灾可能。但是,明显发现绍兴致灾因子高危险区与绍兴人口高脆弱性地区不一致,将两者综合才能更好地描述绍兴的台风灾害风险分布状况。因此,对致灾因子强度指数和人口脆弱性指数进行 max－min 标准化分析,使指数变化在[0,1]之间。台风灾害综合风险指数 R＝致灾因子强度指数 I×人口脆弱性指数

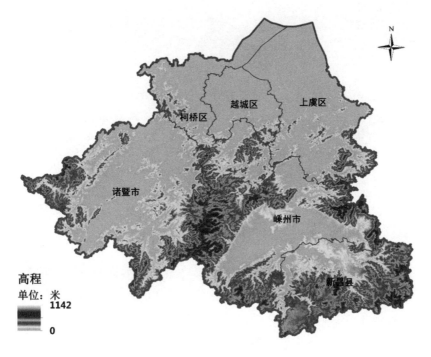

图 7.10　绍兴市高程图

SoVI。计算台风灾害综合风险指数，并按指数大小进行区划，结果如图7.11。指数越大，台风灾害综合风险就越高。从图中我们可以明显地看到绍兴东南地区的综合风险远高于其他地区，特别是上虞区。对比绍兴台风灾情分布状况，发现该指数能够较好地反映出绍兴台风灾情，高低值中心对应较好，可以作为一定的参考。

7.4.6　孕灾环境敏感性分析

　　绍兴市境处于浙西山地丘陵、浙东丘陵山地和浙北平原三大地貌单元的交接地带，地貌比较复杂。在地质构造上，绍兴—江山大断裂位于市境西侧，上虞—龙泉隆起带位于市境中部，在内外营力的相互作用下，形成了群山环绕、盆地内涵、平原集中的地貌特征。地形骨架略呈"山"字形，其西部为龙门山，中部为会稽山，东部及东南部为四明山—天台山，浦阳江流域的诸暨盆地。曹娥江流域的新嵊盆地、三界—章镇盆地镶嵌于四山之间。全市地貌大势可概括为"四山三盆两江一平原"。

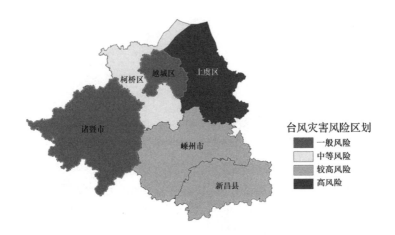

图 7.11　绍兴市台风灾害综合风险区划图(附彩图)

全境地势由西南向东北倾斜。"四山"主脉平均海拔在 500m 以上,主要山峰海拔多在 1000m 以上。会稽山脉主峰东白山位于诸暨小东乡,海拔 1194.6m,是全市的最高峰;龙门山脉在境内的最高峰三界尖位于诸暨龙门乡,海拔 1015.2m;四明山脉主峰四明山位于嵊州四明乡,海拔 1012m;天台山脉在境内的最高峰菩提峰位于新昌小将乡,海拔 996m。中部多为海拔 500m 以下的丘陵、台地,以及错落分布、大小不等的河谷盆地,地貌显得低矮而破碎。三大河谷盆地的底部海拔多在 10~50m 之间。北部的绍虞平原和曹娥、浦阳两江下游地区,海拔不足 10m。陆地最低处在诸暨"湖田"地区,海拔仅 3.1m。

在灾害系统理论中,对孕灾环境的定义存在较大分歧。有学者认为,广义的孕灾环境不仅由地质条件、地理环境和气候背景等因素构成,还应包括人文社会背景。台风引发的次生灾害如山洪、山体滑坡、泥石流等灾害,既与台风降水等致灾因子的持续性和强度有关,更是与当地的地质条件、地理地貌息息相关。本节中把台风孕灾环境定义为:在台风致灾因子作用下,容易形成暴雨洪涝灾害以及泥石流、滑坡等地质灾害的自然环境。

(1)孕灾环境各因子分析

组成孕灾环境的因子较多,其作用也不尽相同,我们选取最主要的几个影响指标:海拔高度和地形起伏、江河水网密度、山洪和地质灾害危险度。其中海拔高度和地形起伏、江河水网密度是引发洪涝和城乡积涝的因子,而地质灾害危险度是引发山洪和地质灾害的因子。

1)海拔高度和地形起伏

所谓水往低处流,是因地表径流在重力作用下,容易向低洼地区汇集。一般而言,海拔越高的地区相对不易出现大范围积水,而海拔较低的地区发生渍涝的概率较大。如果地形起伏较大,说明局地地势有高有低,地表径流可以向沟壑汇集并排出,不容易形成大面积水淹现象;如果地形起伏程度较小,则说明局地地势相对较平坦,一旦泾流超过局地排泄能力,则十分可能出现大面积积涝。地形起伏可用高程标准差来表征,计算方法如下:

$$s_h = \sqrt{\dfrac{\sum\limits_{j=1}^{n}(h_j - \bar{h})^2}{n}} \tag{1}$$

式中:s_h—— 高程标准差;

$\quad\quad$ h_j—— 邻域点海拔高度,单位为 m;

$\quad\quad$ $\bar{h}$—— 计算点海拔高度,单位为 m;

$\quad\quad$ n—— 邻域点的个数,n 值宜大于等于 9。

本书采取海拔高度和地形起伏相结合的指标判断地形因子对积涝的作用,具体数据取值见浙江省地方标准《暴雨过程危险性等级评估技术规范》(DB33/T 2025—2017)(见表 7.4),值越大,越有利于成灾(下同)。

表 7.4　地形因子对积涝的影响系数赋值

高程标准差	海拔高度/m				
	<100	[100,300)	[300,500)	[500,800)	≥800
<1	0.9	0.8	0.7	0.6	0.5
[1,10)	0.8	0.7	0.6	0.5	0.4
[10,20)	0.7	0.6	0.5	0.4	0.3
≥20	0.5	0.4	0.3	0.2	0.1

采用绍兴的地理信息数据根据式(1)和表 7.4 的赋值方法计算 100m×100m 的格点地形影响系数,分布图见图 7.12。由图 7.12 可知,绍兴市地势由西南向东北倾斜,地形骨架略呈"山"字形。"四山"山高地形起伏大,最不容易发生积涝;中部地区以丘陵山地为主,也不容易发生积涝,但三大河谷盆地发生积涝的危险性较大;北部的绍虞平原和曹娥、浦阳两江下游地区,

一马平川,遇强降水最易发生积涝。

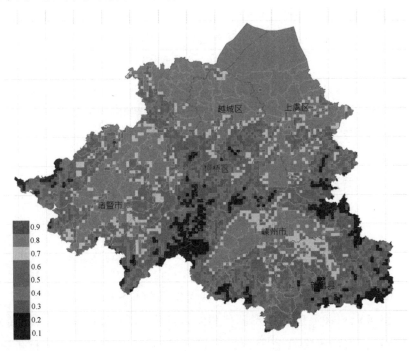

图 7.12　地形对积涝的影响系数(附彩图)

2)水系因子(江河、水网密度)

当降水过多又过急,超过了江河水库的蓄洪和排水能力,则会向周边漫延、泛滥,发生涝灾。江河、水网密度越大,距离水体越近,发生涝灾的概率越大。水系因子的影响度用两种方法取值,一是水网密度法取值,主要应用在河网地带和湿地;二是用水体距离法取值,主要应用在大江大河区域(见表 7.5)。绍兴主要是河网地带,可采用水网密度法取值,水网密度法计算公式如下:

$$s_r = \frac{l_r}{a} \tag{2}$$

式中:s_r—— 水网密度,单位为 1/km;

　　　l_r—— 水网长度,单位为 km;

　　　a—— 区域面积,单位为 km²。

表 7.5　水系因子对积涝的影响系数赋值

水网密度	影响系数	水网密度	影响系数
<0.01	0	[0.74, 0.91)	0.5
[0.01, 0.24)	0.1	[0.91, 1.08)	0.6
[0.24, 0.41)	0.2	[1.08, 1.24)	0.7
[0.41, 0.57)	0.3	[1.24, 1.41)	0.8
[0.57, 0.74)	0.4	≥1.41	0.9

根据距离水体(河流、湖泊、水库)的远近取相应的影响系数值,如表 7.6 所示。

表 7.6　水系因子影响系数赋值

水体面积 /km²	距离水体 距离/km	p_r	距离水体 距离/km	p_r	距离水体 距离/km	p_r	距离水体 距离/km	p_r
[10,50)	<0.3	0.9	[0.3,0.5)	0.8	[0.5,1)	0.6	≥1	0~0.4
[50,200)	<0.5	0.9	[0.5,1)	0.8	[1,2)	0.6	≥2	0~0.4
≥200	<1	0.9	[1,2)	0.8	[2,3)	0.6	≥3	0~0.4

图 7.13 是绍兴水系对洪涝灾害的影响系数。由图可知,境内水系发育受地质构造及地貌形态制约,南部丘陵山地地面切割强度大,地形破碎,树枝状水系发育;北部水网平原地势低平,河湖密布,交织成网。总体来说,主要流域两岸暴雨成灾的敏感性最大,其次是南部树枝状水系等区域,然后是其他平原、盆地等。

3)山洪和地质灾害危险度

暴雨是丘陵和山区发生山洪、泥石流、滑坡等灾害的诱发因子,而地质结构、坡度、相对高差等因子决定着灾害的易发程度。一般来讲,随着地形坡度的加大,岩土体下滑力增大,边坡(斜坡)抗滑能力将逐渐减弱;相对高差越大、所拥有的位能越大,越有利于灾害的发生。就地质结构来讲,构造越复杂则活动越强烈,岩土体的整体性越差则稳定性越低,绍兴山区特征基本一致,因此在区划中可做一致性考虑,引出考虑因子为地质灾害易发情况及坡度情况。

地质灾害易发情况根据国土部门的评估获得,坡度根据地理信息数据

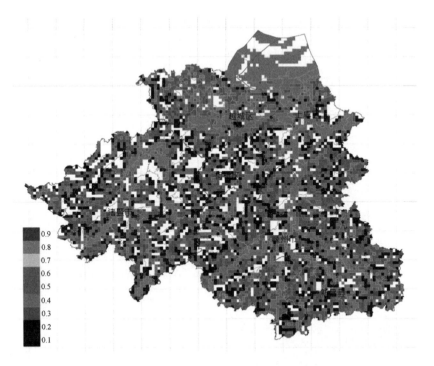

图 7.13　水系因子对洪涝灾害的影响度(附彩图)

进行处理,暴雨型山地灾害的影响度根据表 7.7 的坡度和地质条件共同评判取值,分布见图 7.14。由图可知,山洪和地质灾害的易发情况与地形关系密切,绍虞平原和曹娥、浦阳两江下游地区和三大河谷盆地地区为山洪和地质灾害不易发区,这些平原—盆地边缘为山洪和地质灾害低易发区,地质灾害中易发区和高易发区集中在平原和山区过渡地带以及山区。

表 7.7　坡度和地质条件因子影响系数(p_d)赋值

地质灾害易发 等级坡度	[4~6°)	[6~8°)	[8~10°)	[10~15°)	[15~20°)	≥20°
不易发和低易发	0.1	0.3	0.5	0.7	0.8	0.9
中易发	0.2	0.4	0.6	0.8	0.9	0.9
高易发	0.3	0.5	0.7	0.8	0.9	0.9

(2)孕灾环境综合敏感性分析与区划

上述几个孕灾环境因子在台风灾害发生过程中并非孤立,而往往是共

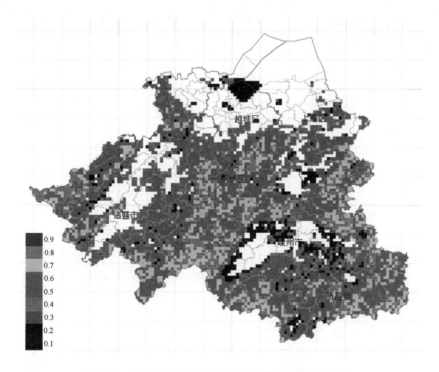

图 7.14　地形对山洪和地质灾害的影响系数(附彩图)

同起作用,将其作为一个整体考虑,即台风灾害综合孕灾环境。其计算公式可表达如下:

$$S = \sum_{i=1}^{n} W_i \cdot I_i \tag{3}$$

式中,S 为台风灾害综合孕灾环境的敏感性,I_i 为孕灾环境单因子的强弱,W_i 为第 i 个单因子的权重,n 为单因子个数。将地形、水系、植被覆盖度等影响指数经规范化处理后,按照各自对当地台风暴雨洪涝和台风大风灾害的影响程度,分别给出相应的权重系数。采用加权综合评价法计算得到各格点孕灾环境的敏感性指数。由于无法对各个单因子的相对重要性进行样本统计和检验,经过专家咨询后采用层次分析法对 n 个单因子计算权重系数,计算结果如表 7.8。

表 7.8　孕灾环境敏感性评估指标及权重

因子(I_i)	高程和地形起伏	水系	山洪和地质灾害危险度
权重(W_i)	0.3	0.3	0.4

　　由于各个因子量纲完全不同,因此在线性组合前必须对各个因子都进行标准化处理,然后再代入公式(3)进行计算,得到综合孕灾环境。然后基于 GIS 将孕灾环境敏感性指数按等级分区,绘制出孕灾环境敏感性指数区划图(见图 7.15)。

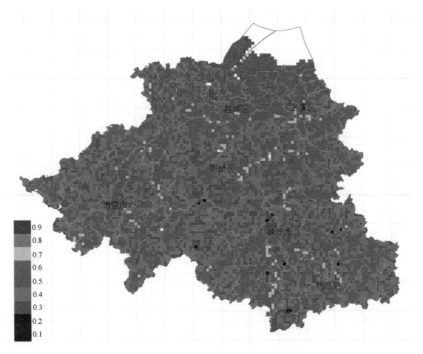

图 7.15　孕灾环境综合影响评估(附彩图)

　　由图 7.15 可知,由于绍兴地形复杂,台风灾害综合孕灾环境的分布特征也较复杂,全市各地都不同程度地存在台风灾害的发生条件。其中灾害不易发生的地区主要是那些高山上部,因其地势陡高,地表径流不易汇集,且植被条件较好,所以灾害不易发生;台风灾害较容易发生的地区是北部绍虞平原和南部地区的新嵊盆地,这些地区地势低洼,起伏又小,加之水网密布,容易发生水涝和渍害;台风灾害最易发生的地区主要在丘陵山区和平原(盆地)的过渡地区,因为这些地区地势相对较低,又不乏沟壑水系,加之人为干扰多,地质层结不稳定,所以容易发生灾害。

7.5　绍兴市台风灾害风险对策措施

防灾减灾的表现是多方面的,如灾害性天气预报的发布、防洪堤坝的加固、对建筑结构及抗灾能力的优化设计、紧急救灾预案的制定、巨灾保险基金的建立,甚至是类似本研究的台风灾害风险区划研究等,都属于抗灾能力的重要体现。本书就绍兴市的抗台应急的措施来做简要分析。

为做好绍兴市重大气象灾害的应急工作,保证气象业务服务应急响应高效、有序进行,全面提高重大气象灾害业务服务应急处置能力,绍兴市气象局依据《浙江省气象局台风气象业务服务应急预案》、《浙江省气象局梅汛期气象业务服务应急预案》、《绍兴市气象灾害应急预案》等规范编制了《绍兴市气象局重大气象灾害业务服务应急响应预案》,用于绍兴市气象业务服务责任区内重大气象灾害及其衍生灾害的应急响应业务服务工作,具体流程如图 7.16。

绍兴市气象台密切关注天气形势演变,当预测将有台风影响绍兴市时,及时提出是否启动应急响应的建议;减灾与法规处综合研判,初步确定启动重大气象业务服务应急响应级别,报分管副局长同意,经局长批准后进入应急响应状态。根据应急响应级别(包括Ⅰ级、Ⅱ级、Ⅲ级和Ⅳ级),气象台预报服务保障岗,以及各处室和直属单位迅速开展应急响应行动。

7.5.1　气象台应急响应职责

绍兴市气象台负责天气实况的监视,全面及时掌握前期天气气候状况及未来天气演变趋势,相关预报产品制作发布、传输。同时负责天气联防与会商,制作发布各类决策服务材料,及时向公众滚动发布实况监测、预报信息和预警信号,及时将决策服务材料上传省局业务网站共享。气象台要及时向电视、电台、报纸发布气象信息,滚动更新 96121 声讯平台、iTV 气象直播频道、电子显示屏、微信、微博等信息发布渠道的气象信息。要与农林等部门进行联合会商,及时提出应急措施,减少农林业生产损失。另外,气象台还需要确保资料采集传输及时、准确和完整;确保应急值班电话和传真畅通,做好值班工作日志登记上传,做好灾情收集整理上报,针对重点地区、重

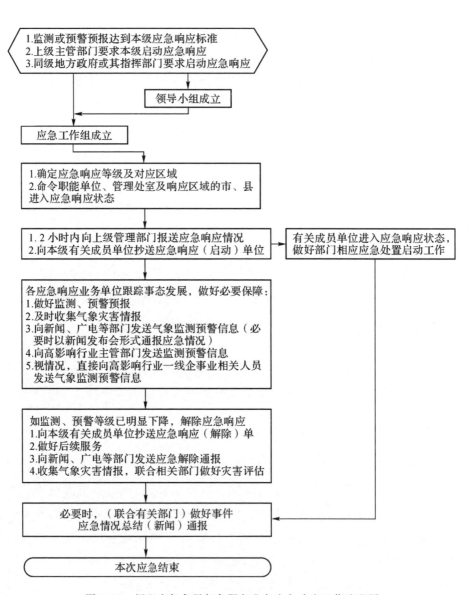

1. 监测或预警预报达到本级应急响应标准
2. 上级主管部门要求本级启动应急响应
3. 同级地方政府或其指挥部门要求启动应急响应

领导小组成立

应急工作组成立

1. 确定应急响应等级及对应区域
2. 命令职能单位、管理处室及响应区域的市、县进入应急响应状态

1. 2 小时内向上级管理部门报送应急响应情况
2. 向本级有关成员单位抄送应急响应（启动）单位

有关成员单位进入应急响应状态，做好部门相应应急处置启动工作

各应急响应业务单位跟踪事态发展，做好必要保障：
1. 做好监测、预警预报
2. 及时收集气象灾害情报
3. 向新闻、广电等部门发送气象监测预警信息（必要时以新闻发布会形式通报应急情况）
4. 向高影响行业主管部门发送监测预警信息
5. 视情况，直接向高影响行业一线企事业相关人员发送气象监测预警信息

如监测、预警等级已明显下降，解除应急响应
1. 向本级有关成员单位抄送应急响应（解除）单
2. 做好后续服务
3. 向新闻、广电等部门发送应急解除通报
4. 收集气象灾害情报，联合相关部门做好灾害评估

必要时，（联合有关部门）做好事件
应急情况总结（新闻）通报

本次应急结束

图 7.16　绍兴市气象局气象服务业务应急响应工作流程图

点行业(产业),跟踪做好灾害影响预评估和评估。

应急响应解除后,气象台应根据要求,尽快完成灾害性天气过程灾情调查、气象服务效益评估以及预报服务总结等工作,并及时上报预报服务总结。指定的技术人员在 20 个工作日内完成过程预报技术总结,并报市局观测与预报处。最后,气象台对应急响应过程中受损的仪器、设备应及时进行修复。

7.5.2　减灾与法规处应急响应职责

根据市政府及省气象局应急工作要求,协调部署应急工作,加强与上级应急管理部门的联系以及对各区、县(市)局和各业务单位的应急工作管理,加强与各职能处室应急工作联动,及时向局领导汇报业务服务重大事件。减灾与法规处负责起草应急响应启动、变更及解除命令文本,并将签发后的命令文本迅速传达至全市气象部门。另外,按要求及时向市政府和省气象局上报业务服务工作部署、灾害防御措施、应急工作动态等信息;按要求及时向市级各有关部门(市府办、应急办、公安、国土、水利、农业、林业、环保、交通等)做好应急工作通报;督查相关业务运行、制度执行情况;掌握各业务服务岗位工作动态、各业务服务岗位班次安排情况。

减灾与法规处汇总形成应急响应处置情况总结,总结包括以下部分:天气要素实况(含历史资料对比分析)、灾情实况、响应组织工作、业务服务情况、体会与经验等。

7.5.3　防台减灾实例分析

受 2016 年第 22 号台风"海马"减弱后的低压环流影响,10 月 22 日至 10 月 23 日上午,绍兴全市降雨天气过程北部 30～50mm,南部 10～20mm,较强降雨主要集中在 10 月 22 日白天。绍兴启动重大气象灾害业务Ⅳ级应急响应,应急响应时段为 10 月 21 日下午至 10 月 23 日上午。

2016 年 9 月,绍兴市连续受到台风"莫兰蒂"、"马勒卡"、"鲇鱼"影响,造成南部地区重大人员伤亡和经济损失,绍兴市气象局立足本地区气象防灾减灾要求,高度重视,及时有效部署了此次暴雨天气的防御应对工作。

10 月 21 日至 22 日,市局主要负责人,业务和应急管理处室负责人和市气象台台长按时参加早间天气会商,了解天气情况和未来演变,会商结束后,及时向市委市政府提供决策服务短信和决策服务材料,市局主要负责人向市政府分管市长做专题汇报。10月21日上午,市气象局参加市防汛办组织的专题会议,21日下午根据省气象局启动台风气象业务服务Ⅳ级应急响应命令,经综合研判于当日14时启动重大气象灾害业务服务Ⅳ级应急响应,同时将Ⅳ级应急响应命令通过NOTES下发至各区、县(市)气象局,用手机短信通知到各单位应急工作责任人。由于"海马"低压环流仅造成部分地区出现暴雨天气,全市未发布预警信号,10月23日降雨天气基本结束,当日10时绍兴解除重大气象灾害业务服务Ⅳ级应急响应。

此次暴雨天气过程,绍兴市气象台发布决策服务材料2期,向市政府分管市长专题汇报2次,开展手机短信决策气象服务3次,共发送手机短信约1万条次,所有气象服务信息还通过气象声讯电话、电子显示屏、气象微博、微信和互联网站向社会公众发布。各县级气象部门向地方政府部门提交决策服务材料共计6期,通过微信群与气象协理员互动,发布最新天气情况,开展灾情调查,气象信息员网站共收集上报信息30条。较好地完成了此次台风引发的暴雨天气的防御应对工作。

总之,绍兴市开展的防台减灾工作以及应急响应措施从一定程度上减轻了台风灾害造成的损失,取得了一定的成效。但是仍然存在许多需要改进地方,要不断加强气象观测站网建设,综合利用先进观测手段,充分发挥预报员主观能动性,不断提高预报的准确性。同时,不断增加预报发布的时间频次和空间密度,并通过订正预报、发布突发灾害性天气短时临近预报预警等,弥补预报不确定性。充分探索和利用社会资源,不断提高绍兴市防灾减灾的能力。

7.5.4 绍兴防台措施建议

长期以来,绍兴市委、市政府高度重视台风灾害防御工作,把"不死人、少伤人"作为台风灾害防御工作的最高目标,形成了"以人为本,科学防台"的台风灾害防御新理念,初步构建了防御台风灾害的工程性和非工程性体系,工作卓有成效。但同时也充分认识到,气候变暖导致的极端天气气候事件增多,强台风、超强台风的发生频率加大,台风灾害脆弱行业随社会经济发展而发生变化,人类活动对河流水系和地形地貌的影响等,使台风致灾特点在不断发生变化,台风灾害防御工作也要相应不断完善与提高。

我们通过对绍兴市台风灾害风险区划,对绍兴市的台风影响规律及其相关的自然环境、社会经济背景所做的较为深入的分析,针对目前存在的防台薄弱环节,考虑社会经济实力,提出如下近期(5~10年)防台对策建议。

(1)落实防台法规,完善应急防御体系

有力的防台法规、条例和完善的应急体系是成功防台的政策保障。针对台风灾害链长等特点,浙江省政府及相关部门已出台了与台风有关的涉及海洋、大气、水文、地质以及台风应急防御等的法规、条例,也建立了较为完善的应急体系。市县级政府和部门应针对台风灾害风险,贯彻落实相应法规、条例,完善组织体系,细化应急预案,建立决策支持系统等。

(2)合理布局规划,提高监测预警预报能力防御体系

①逐步建立布局合理、探测要素较为齐全、探测手段较为先进的台风监测系统。在目前的监测能力基础上,挑选合适位置建立台风综合观测站,增加风廓线仪、强风站的密度,建设全方位监测台风雷达等,山区、河谷增加暴雨观测站密度。

②提高台风灾害预警预报能力。加强台风机理研究,加强多学科合作,深入研究台风与陆地尤其是山地、江河的相互作用机理,提高台风复杂路径的预报能力和风雨精细化预报准确率。

③开展台风灾害评估工作。以台风风险区划为基础,根据台风预测预报,尝试开展台风可能致灾情况的定性和定量预评估,以及灾害评估,为台风救灾工作提供科学依据。

(3)充分应用风险区划成果,减少台风灾害损失

①各级政府和有关部门在台风防灾减灾以及生产建设和指导中,要以绍兴市台风灾害风险区划为依据,做到精心组织、科学规划,最大限度地减少台风灾害损失。

②各地区在城乡建设、基础设施规划和设计、工程气候论证、农业设施建设、农业生产布局、农林业新品种引进、制定保险政策和费率等生产建设活动中,要充分考虑台风灾害风险,提高抗台防灾能力。

③台风灾害防御规划编制工作要以台风灾害风险区划为基础。

第八章　绍兴台风防御对策与措施

当前,绍兴台风防御面临全球气候变化影响加剧、经济社会快速发展和防灾减灾要求越来越高的新形势,应按照"以人为本、生命至上,突出重点、超前谋划,政府主导、部门联动,全社会共同参与、全民防台"原则,以建设高标准水利工程为重点,完善台风防御工程体系,提高台风防御能力;以加强监测预报预警为支撑,强化台风防范能力,提高社会避灾能力;以强化社会管理为基础,完善社会减灾体制,提高社会减灾能力,逐步建立与绍兴经济社会发展相适应的工程设施体系、监测预报预警体系、应急救援体系和社会管理体系,综合运用法律、行政、工程、科技、经济等措施,全面提升绍兴台风防御能力,最大限度减轻灾害损失。

8.1　加快高标准防台风工程体系建设

毫无疑问,防台工程措施在抵御台风灾害中具有非同一般的"根本性"的作用!不难想象,假如没有"9711"台灾后"浙东千里标准海塘"建设工程,绍兴全市在遭遇"云娜"、"卡努"、"海葵"、"灿鸿"等历史罕见强台风时会出现什么程度的灾情!

通过多年的努力,绍兴的海防、江防工程固然已相当可观,山溪的防洪坝工程建设也大有成就,但薄弱环节依然存在,比如城市的防洪与排涝问题严重、小型病危水库问题久拖不治等等。因此需加快建设海堤、闸坝、泵站等主体防台风工程。这些工程是防御台风风暴潮的重要防线,是抗御台风灾害最重要、最基本的工程设施。为适应新时期防台要求,必须加大投入、加快高标准防台风工程体系建设。市级部门应加大防台风工程体系建设的监督力度,各县(市、区)要加大堤、坝建设的财政支持力度,加快堤、坝达标建设,使其尽早达到国家规定的建设标准。

8.2　完善台风监测预报预警体系

气象监测及预报预警能力与防台减灾能力紧密相关。近十几年来依托绍兴经济的强劲增长,绍兴的气象事业也得到了长足发展,一批现代化新型装备如高分辨气象卫星接收系统、Micaps4 系统、宽带通信系统、可视会商系统和中尺度自动站网等相继建成并投入使用。然而我们也应该看到,与绍兴所处的特殊地理环境及所承担的防灾减灾之任务相比,绍兴气象的防台减灾能力还有待进一步提高:

一是在全市防汛抗旱指挥系统建设的基础上,进一步完善台风监测预报预警体系,建立精细化、定量化的强降水和强风预报预警系统,着重提高预报能力,提高发布预警信息的有效性和及时性;完善气象灾害监测站网,在台风暴雨和大风灾害敏感区、易发多发区以及监测站点稀疏区增设相应的气象监测设施。

二是提高台风暴雨短历时预报能力,大力引进或开发先进的暴雨短时预报技术,特别是台风暴雨短时预报技术,提高应对台风暴雨的预报预警能力。

三是借鉴日本、美国等发达国家预报经验,提高台风路径、影响范围的预报水平;加强气象、水利和海洋站网建设以及部门协调,实现气象水利信息部门间完全共享、海洋信息军地间共享,不断提高台风预测的精确度和时效性,更好地为防台减灾服务。

8.3　加快防台应急预案和救援体系建设

防汛指挥在台风防御中的作用是不言而喻的。要真正做到防汛指挥临阵不乱、进退有序,预先建立一整套职责明确、时序清晰、处置合理、追究有据并有较强操作性的应急预案是必不可少的,这在安排"人员转移"工作时体现更甚！

一是加强基层防台预案体系建设。加强气象防灾减灾标准化乡（镇）、村的建设，着力做好"预案到村"工作，构筑"横向到边、纵向到底"的防台风预案体系。加强防台风专项预案编制，交通、通信、广播、电视、网络、供水、排水、供电、供气、供油、危险化学品生产和储存等重要设施和港口、车站、景区、学校、医院、大型商场等公共场所及其他人员密集场所的经营、管理单位，应当根据本单位特点制定防台风专项应急预案，建立防御重点部位和关键环节检查制度，及时消除台风灾害风险隐患。根据台风影响特点，制定详细完善、可操作性强的防御指引，重点要落实人员大量转移和妥善安置方案。

关于"人员转移和安置方案"的实施应主要考虑如下几个问题：①避难所的设立。可酌情分设单纯防风、单纯防洪、防地质灾害和兼顾防御风、洪、潮、地质灾害的要求预定条件相符、数量足够的学校、宾馆、体育场馆或机关楼院等。②撤离地段的确定。应根据风、雨、潮的影响次序按照梯级转移的原则进行，并在确定时充分考虑当地气象台的预报意见。③撤离路线的预定。这必须在防台预案中给予明确，并首先使分管领导以及工作人员做到心中有数。④责任人员的确定。"人员转移和安置"是一项兴师动众的工作，稍有不慎即有麻烦！因此必须预先确定相关工作的责任人员，尤其是分片包干的负责人员，这是确保"不漏一人"的关键。⑤避难所的临时管理。不仅是临时避难人员的基本生活保障问题，更关键的是其是否真的达到防御标准？因此安全巡查及紧急处理同样重要。⑥流动人口的避险。这是极其容易忽视的问题！建议台风严重影响之前，加强气象信息传递，增加宣传媒体的多样性，包括电视、广播、短信、微博、微信，必要时使用广播车上街广播，确保"不漏一人"。台风严重影响时，相关部门应设置车辆等救灾设施确保流动人员生命财产安全。⑦危险地段居民的搬迁。对常年处在风口、溪边、洼地、地质灾害高危地段和各类危房的居民视条件和危情程度采取分期分批搬迁，从根本上逐步解决"劳民伤财"的多次转移问题。

二是加强地质灾害监测及防治能力。加快推进易受台风影响区山洪地质灾害的调查力度，全面评价山洪、泥石流、滑坡、崩塌等灾害隐患点的基本情况及台风致灾因子情况，评价和预测次生灾害隐患点发展趋势，划定灾害危险等级,编制山洪地质灾害风险图,积极做好次生灾害防御工作。

三是加强应急力量体系建设。各级防台风部门应建立过硬的应急抢险救援队伍,在台风灾害发生后第一时间做出响应,以便迅速开展救援工作。各地应依托基层公安消防队伍、基层民兵组织、专业应急救援力量、工矿企业工程抢险力量以及村(社区)常住居民等,建立协调有序、专兼结合、军地互补、保障有力的防台风应急队伍,满足防台风抢险救援工作需要。水利、交通、住建、电力、通信等重要基础设施管理部门,应加强应急抢险队伍建设,搞好应急抢险物资储备,提高应急响应和处置能力,确保险情一旦发生能够及早行动,迅速抢护。

8.4　加强防台社会管理能力建设

一是加强防台风宣传教育。近年来多次台灾的伤亡个例告诉我们,尽管绍兴人对台风并不陌生,但真正懂得如何规避险情的人并不普遍!更何况还有数以万计在绍生活的外来人口,他们中的许多人恐怕还"不知台风为何物"。因此加强防台科普宣传至关重要。为此需要形成防台风宣传与安全教育长效机制,通过多种形式,开展丰富多样的防台减灾知识宣传和安全教育。可以利用绍兴及各县市现有的气象科普场馆,以台风知识及其防御为重点,让市民(包含外来人口)尤其是中小学生有一个常年接受防台教育的固定场所;也可以在每年的暑假(台风多发季)开展全民防台风宣传活动,特别是各地气象、防汛、海洋等部门以及各机关、社区和中、小学校要紧密配合,大力开展防台宣传活动,努力把防台风知识普及到机关单位、中小学校、街道社区、工矿企业和广大农村,切实提高公众的防台风意识和避险自救能力。

二是完善基层防台体系建设。可比照防汛服务队的做法,各级政府应加大财政支持力度,积极推动基层防台体系建设,提高基层防台抗台能力,大力推广防台风示范基地的经验,加强对基层防台风体系建设的支持和指导,完善基层防台体系建设。

三是加强组织动员体系建设。组织动员体系是防台风工作的重要组织保障,应把提高协调联防能力作为防台风工作的当务之急,在各级党委政府领导下，强化"统一指挥、分工负责、协调有序、运转高效"的防台风协调联动机制，加强部门之间的横向联系，进一步完善军民联防工作机制，强化各项防台工作的衔接。

8.5 完善防台法律法规体系

一是在国家防总《关于进一步加强台风灾害防御工作的意见》的基础上，加快研究出台专门针对台风灾害防御的地方法规或规章，规范防台指挥体系、基层服务体系、工程建设投入等方面的工作。

二是加强台风灾害防御配套地方法规建设，结合工作实际研究出台房屋防台风建设、船只和港口防台风管理、人员转移安置及避灾场所建设管理的有关地方法规或规章，不断提高依法防控水平。

8.6 农业生产的防台对策与措施

针对绍兴台风的自身灾害特征，结合绍兴市农业生产结构，重点提出以下防御对策：

8.6.1 充分增强台风的防御意识，加强防台农业基础设施建设

加强台风灾害区划研究及台风对农业影响的风险评估，并做好灾后的灾害评估。提高房屋抗台性能，防止台风所引发的次生灾害对农田、房屋及人民生命安全的影响；同时，改善农田的生态环境，多栽培防风林和护田林，增强农田生态环境的稳定性和自我调节能力；加强农田水利基础设施建设，提高防御水灾的能力。

8.6.2 调整农业结构，合理安排茬口

利用绍兴冬春季温度相对较高、春季回温早的特点，采用保护地栽培技术发展冬春季越冬茬、春季早茬早熟促成栽培和避雨栽培模式，保证前期获得理想的经济产量和效益，到 7 月中旬结束生产，然后揭膜淋雨休闲或种植种季速生叶菜，9 月中旬后再覆膜开始秋延后或越冬茬生产，避开台风活跃

期,以减轻损失。同时,对于易涝地区,可发展茭白、藕、水芋等水生作物。

8.6.3　依靠科技创新,推行避灾农艺

设施农业是绍兴高效农业的基础,在绍兴市建设的大棚设施要求抗压强度>20kg·m^{-2},抗风强度>10级以上,且以南北走向为佳,同时,鼓励西瓜等长季种植作物向诸暨等受台风影响相对较小的区域转移,降低台风灾害风险;建立工厂化可移动式穴盘育苗设施,在遇强台风时,可将育苗盘移到安全的房间里,以解决育苗期间台风对秧苗的威胁,保证下季的秧苗素质和农时;根据台风预报的风力强度、棚内作物的经济价值、大棚设施新旧、是否遭受损坏及损坏程度、大棚设施抗风能力等情况,综合分析判断采取大棚加固还是揭膜保棚,建议钢管大棚当风力小于10级时,可加固设施,闭棚防风,当风力大于10级时,应及时卸膜保棚,能转移的秧苗及时转移到安全场所。

8.7　建立灾后妥善处置机制

建立政府主导型的台风灾害损失补偿机制,制定相关的法规和规章作为保障,政府培育和扶持建立台风灾害保险市场并直接参与保险机制的运行,建立损失评估模型以准确、公平估算损失。鼓励公民、法人和其他组织通过保险等方式减少台风灾害造成的损失,鼓励保险机构提供台风巨灾保险等产品和服务,提高全社会抵御台风灾害风险能力。另外,还可以积极探索绍兴本地化的台风灾害再保险机制。

8.8　台风临阵防御措施

8.8.1　防风措施

(1)强风可能吹倒建筑物、高空设施及树木等,极易造成人员伤亡。各类危旧住房、厂房、市政公用设施、广告牌、游乐设施、在建工程、临时建筑(工棚、围墙等)、各类吊机、施工电梯、脚手架、电线杆、铁塔、行道树木等常

在强风中倒塌,造成压死压伤。因此,在台风来临前,相关人员要及时转移到安全地带,避开上述容易造成伤亡的地点,更应避免在上述地方躲雨。

(2)强风会吹落高空物品,容易造成砸死砸伤事故。阳台及屋顶上的花盆、太阳能热水器、屋顶杂物、空调室外机、雨篷,还有在建工地高处的零星建材、工具等容易被风吹落造成伤亡。因此,在台风来临前,要及时固定花盆等物品,建筑企业要整理堆放好建筑材料、工具及零星物品,以确保安全。

(3)强风容易造成人员伤亡的其他情况。如:门窗玻璃、幕墙玻璃等被吹落打碎,飞溅伤人;行人在路上、桥上、水边被吹倒或吹落水中,摔伤或溺水;电线被风吹断,使行人触电伤亡;江(河、湖、海)面船只被风浪掀翻沉没,公路上行驶的车辆,特别是高速公路上的车辆被吹翻等造成伤亡;等等。因此,在台风来临前,要及时在安全的地方避风躲雨,尽量避免在紧靠江(河、湖、海)的路堤和桥上行走,船只必须及时回港避风、固锚,船上的人员应上岸避风,车辆应尽量避免在强风影响区域行驶。

8.8.2 防洪措施

(1)台风暴雨强度大,极易引发洪水,导致村庄、房屋、船只、桥梁、游乐设施等受淹甚至被冲毁,造成生命财产损失。因此,容易发生洪灾的地方要加强自我防范,人员及时转移到安全地带。

(2)强降水有可能造成水利工程失事,如一旦发生险情,可能受影响范围内的群众必须听从当地政府和防汛部门的指挥,迅速及时撤离避险。

(3)暴雨容易引发山体滑坡、泥石流等地质灾害,造成群死群伤事件。因此,山地灾害易发地区和已经发生高强度暴雨的山区必须做好监测预警工作,当地居民更要提高警惕,一旦发生山体滑坡、泥石流等地质灾害征兆即迅速报告当地政府和有关部门,以迅速安排撤离避险。

8.8.3 防风暴潮措施

风暴潮堪称台风灾害之首,风暴潮容易冲毁海塘堤防、涵闸、码头、护岸等设施,甚至可能长驱直入吞噬农田和村庄,造成重大伤亡。因此,在可能造成潮灾的台风到来之前,沿海地区从事滩涂养殖的人员和处于危险堤塘内外的群众必须及时撤离避险。

8.8.4 在台风来临时个人自我防护的注意事项

在台风来临前：

①要明白自己所处地是否是台风要袭击的危险区域；

②要了解安全逃离的路径以及政府提供的避难场所；

③要具备充足且不易腐败的食品和水；

④注意清理通畅下水道；

⑤购买保险。

当台风到来时：

当气象部门发布黄色台风预警信号时：

①通过广播、电视、短信、微博、微信、"96121"气象咨询电话等了解台风的最新动态；

②保养好家用交通工具，并加足燃料（以备紧急转移）；

③检查并加固活动性房屋、构筑物的固定物；

④检查并且准备关好门窗（注意加固）；

⑤检查电池以及储备罐装食品、饮用水和药品；

⑥在手头准备一定数量的现金；

⑦如果你居住在海岸线附近、高地（如小山上）、易被洪水或泥石流冲击的山坡上，或者移动性、简易性房屋内，那么你得时刻准备着撤离该地。

当气象部门发布橙、红色台风预警信号时：

①完成防台的各项准备工作；

②听从当地政府部门的安排；

③如果需要离开住所，要尽快离开，并且尽量和朋友、家人在一起，到地势比较高的坚固房子，或到事先指定的洪水区域以外的地区；

④无论如何都要离开移动性房屋、危房、简易棚、铁皮屋，也不能靠在围墙旁避风，以免围墙被台风刮倒引起人员伤亡；

⑤把你的撤离计划通知邻居和在警报区以外的家人或亲戚；

⑥千万别为了赶时间而冒险越过湍急的河沟。

切记：如果你被通知撤离，就应立即执行！ 如果你未被通知离开房屋，那么就留在结构坚固的建筑内，但要计划好当强风来临时自己怎样行动。

如果你家有冰箱,将冰箱开到最冷档,以防停电引起食物过早变质;请拔掉小的电源插头,并在浴缸和大的容器中充满水,以备清洁卫生之需。当外边的风变得越来越强时,要远离门窗,并躲在走廊中、空间小的内屋或者壁橱中。关闭所有的室内房间门并加固外门。需要警惕的是:①旋转风。往往在台风中心附近,由于风力大且风向变化突然,其破坏力特别强。②"平静"的"台风眼"。台风正面袭击绍兴的路径,常常从东南向西北,陆地上往往在受强烈的偏北或偏东风以及暴雨袭击之后,会出现一片风平浪静、云开雨停甚至蓝天星月之"迷"人景象,这实际上是处在"台风眼"区,千万不要被这种暂时现象所迷惑而放松防御!当"台风眼"过去之后,风向将猛转180度,变成偏南或者偏西风,并且会很快达到甚至超过原先的强度。

当台风信号解除后:

当撤离的地区被宣布为安全时,你才可以返回该地区。为了保护生命的安全,道路有可能被封锁,如果你遇到路障或者是被洪水淹没的道路要切记绕道而行!要避免走不坚固的桥,不要开车进入洪水暴发区域;应留在地面坚固的地方。还要注意那些静止的水域很有可能因地下电缆裸露或者是垂落下来的电线而带有致命电力!要仔细检查煤气、水以及电线线路的安全性。在你不能确定自来水是否被污染之前,不要喝自来水或者用它做饭。要避免在房间内使用蜡烛或者有火焰的燃具,可使用手电筒照明。在生命遇到危险时,动用可靠通信工具求救。

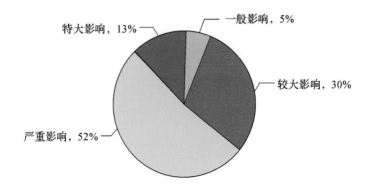

图 2.3 影响绍兴地区台风强度

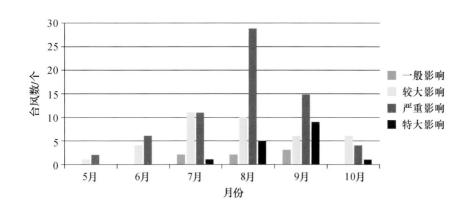

图 2.4 影响绍兴地区不同强度台风的月分布

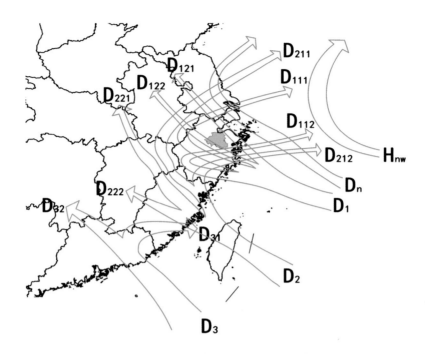

图 2.6 影响绍兴市的台风分区示意图

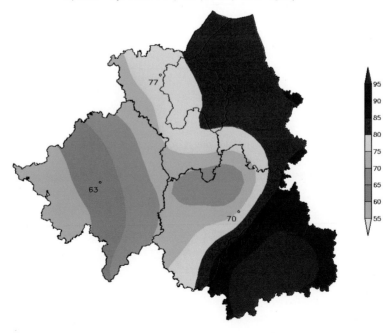

图 3.3 绍兴市台风过程平均降水量空间分布图（单位：mm）

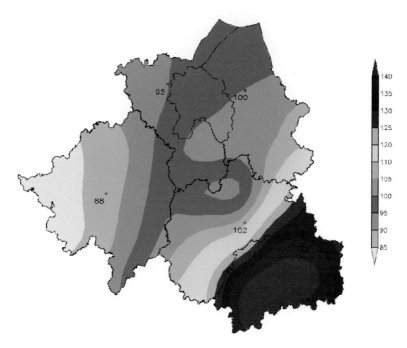

图 3.6　绍兴市台风过程最大降水量空间分布图（单位：mm）

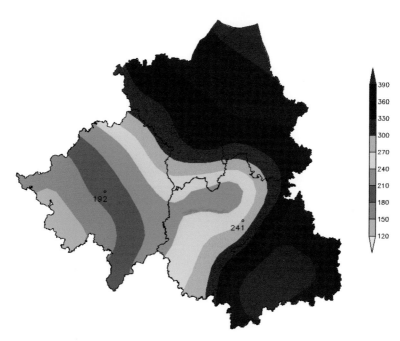

图 3.7　绍兴市台风日降水量历史极值空间分布图（单位：mm）

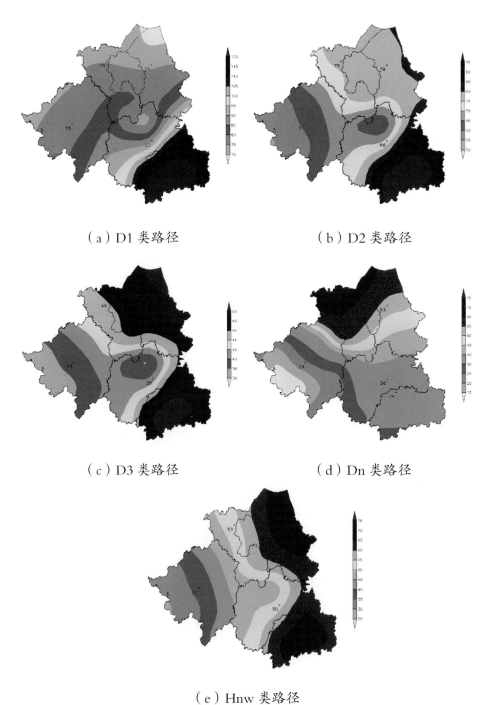

（a）D1 类路径　　　　　　　　（b）D2 类路径

（c）D3 类路径　　　　　　　　（d）Dn 类路径

（e）Hnw 类路径

图 3.9　各类路径台风过程平均降水量空间分布图（单位：mm）

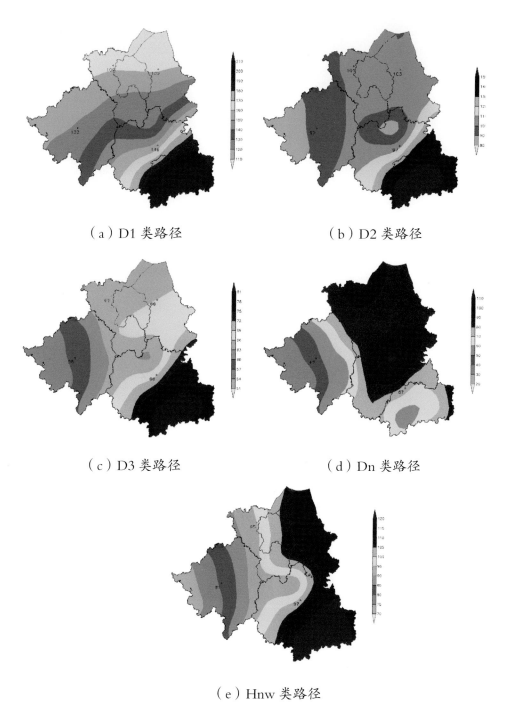

（a）D1 类路径　　　　　　　　　　（b）D2 类路径

（c）D3 类路径　　　　　　　　　　（d）Dn 类路径

（e）Hnw 类路径

图 3.11　各类路径台风过程最大降水量空间分布图（单位：mm）

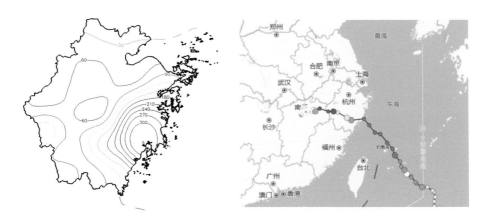

图 3.14　2004 年第 14 号台风云娜降水量分布和路径（降水量单位：毫米）

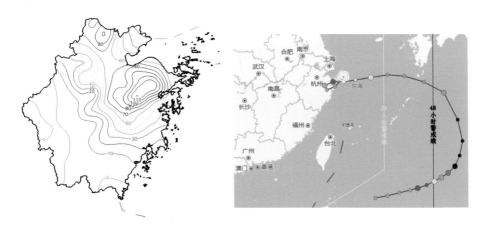

图 3.15　1998 年第 6 号台风的降水量分布和路径（降水量单位：毫米）

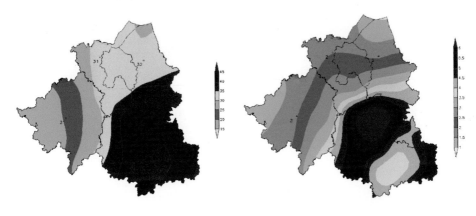

图 4.5　台风大风（6 级，8 级）频次的空间分布图

图 4.8　各路径台风大风频次空间分布

图 4.9　绍兴市辖区 TM 遥感影像

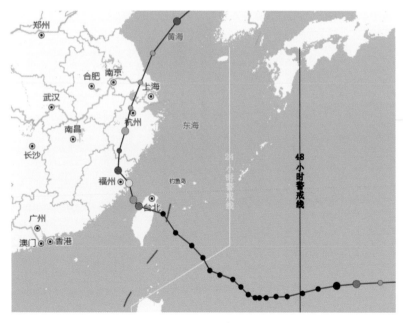

图 5.9　6214 号台风路径

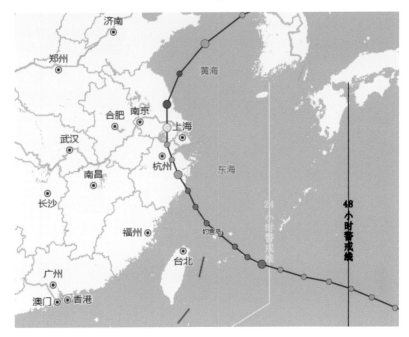

图 5.10　9015 号台风路径

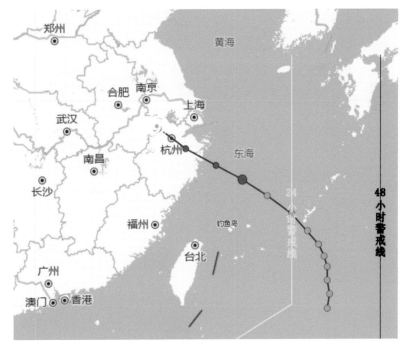

图 5.11　8807 号台风路径

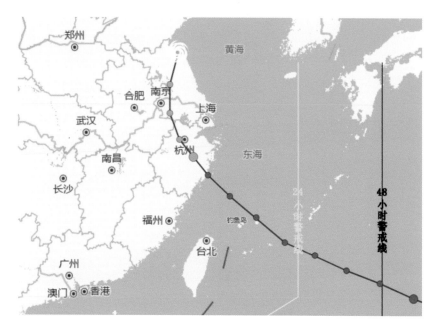

图 5.12　8923 号台风路径

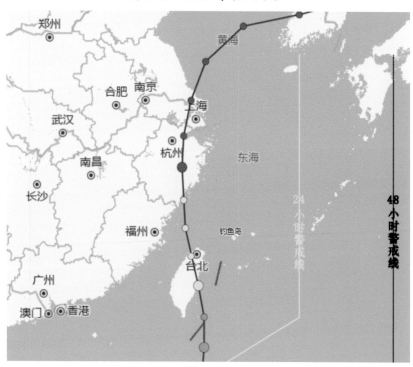

图 5.13　9219 号台风路径

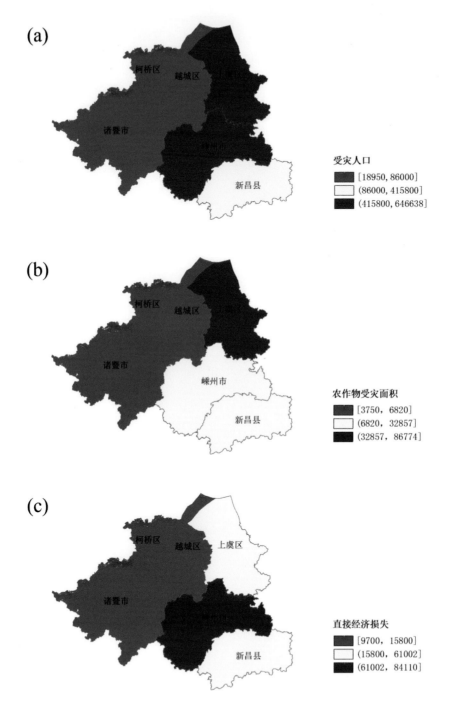

图 7.2　2004-2012 年绍兴市受台风影响的累计灾情分布

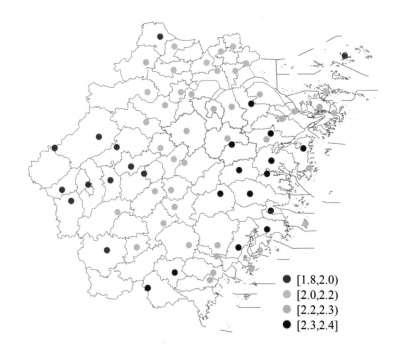

图 7.3 1960−2013 年各站点的平均台风降水持续天数

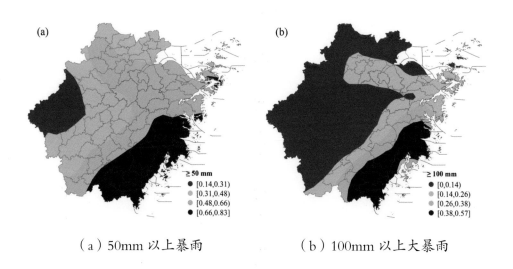

（a）50mm 以上暴雨　　　　（b）100mm 以上大暴雨

图 7.4 1960−2014 年浙江省有无台风暴雨年概率分布

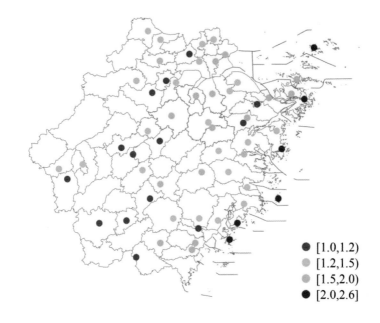

图 7.5　1980-2014 年浙江省各站点的平均台风大风持续天数

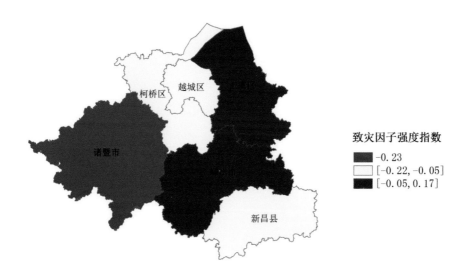

图 7.7　绍兴各县致灾因子强度指数

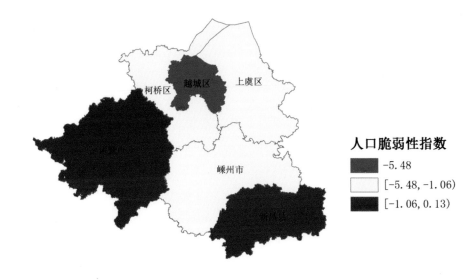

图 7.9　绍兴市各县人口脆弱性指数分布图

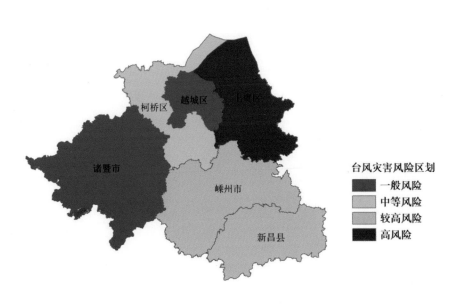

图 7.11　绍兴市台风灾害综合风险区划图